Best friends

베스트 프렌즈 시리즈 5

베스트 프렌즈
오아후

KB117688

중앙books

저자 소개

이미정

⟨에꼴⟩, ⟨키키⟩ 등을 거쳐 ⟨여성중앙⟩의 라이프 스타일 에디터로 활약하다 출장으로 떠난 하와이에서 영화처럼 인생의 반쪽을 만나 현재 하와이에 거주 중. ⟨주부생활⟩에서 하와이 통신원으로 일하면서 하와이의 볼거리, 즐길 거리를 하나라도 놓칠세라 시시각각 하와이 뉴스에 온 촉을 곤두세우며 놀고 있음. 왕년에 그저 여행이 좋다는 이유 하나로 동생을 꼬드겨 홍대에 차린 기내식 카페 'Cup n Plate'를 운영한 바 있으며, 현재 동생 부부와 함께 부천에서 알로하 하와이 식당을 오픈, 하와이에서 원격조정하고 있음.

일러두기

지역 소개 및 구성상의 특징

이 책은 하와이의 주요 섬 중 여행자들이 가장 많이 방문하는 오아후을 소개하고 있습니다. 오아후은 하와이 여행의 하이라이트이자 교통의 요충지이기 때문에 여행자들이 베이스캠프로 삼기에도 좋습니다. 지역별 여행 정보 파트에서는 하와이 최고의 비치가 있는 와이키키를 필두로 쇼핑의 메카인 알라 모아나, 하와이의 역사가 살아 숨 쉬는 다운타운, 대자연의 신비로움을 간직한 하와이 카이, 전 세계 서퍼들이 모이는 성지 노스 쇼어. 먹거리의 천국 할레이바 등 오아후를 세부 지역으로 나누어 공항에서 가는 방법·볼거리·해변·즐길 거리·레스토랑·쇼핑 등을 상세히 소개하고 있습니다.

지도에 사용한 기호

비치	학교	전망대	Ⓐ 액티비티	Ⓖ 골프	Ⓢ 스파	박물관·전시관
동상	공항	BK 은행	H-1 하이웨이	Ⓡ 레스토랑	Ⓗ 숙박	Ⓟ 펍
92 도로명	Ⓢ 쇼핑센터	Ⓒ 카페	Ⓓ 디저트	Pl. 플레이스(Place)		Pwy. 파크웨이(Parkway)
Hwy. 하이웨이(Highway)		Ave. 애비뉴(Avenue)		St. 스트리트(Street)		Rd. 로드(Road)

CONTENTS 오아후

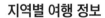

Must Do List 1
하와이, 이것만은 꼭 해보자 5

하와이 여행자라면 반드시 놓치지 말아야 할 즐길 거리를 소개한다. 하와이 전 지역을 비롯해
여행자들이 가장 많이 찾는 오아후에서도 경험할 수 있는 것들을 엄선했다.

❷ 꼭 먹어봐야 할 음식! 하와이에서 꼭 먹어봐야 하는 먹거리는 많다. 아히 포케(참치 샐러드)와 포르투갈 전통
도너츠 말라사다, 건강 디저트인 아사이 볼과 스팸 무수비는 꼭 먹어보자.

❸ 신혼부부라면 꼭 해야 하는, 허니문 스냅 최근 하와이를 찾는 신혼부부들이라면 와이키키 거리에서의 스냅
촬영은 '필수' 일 만큼 입소문이 나있다. 반나절 촬영은 하와이 여행 일정에 다소 부담스러울 수 있다. 짧게
와이키키 거리에서 한 시간 정도면 충분! 둘 만의 특별한 기념 촬영을 놓치지 말자.

❶ 꼭 도전해봐야 할 해양 액티비티
하나우마 베이(P.181)는 화산폭발로 인해 자연스럽게 생긴 만으로, 바다거북과 열대어 등이 서식 한다.
매주 화요일은 지정 휴무일로 정해놓을 만큼 생태계 보호가 잘 이뤄져 있어 주변 환경이 깨끗한 것은 물론이고
간단한 스노클링 장비만 있으면 쉽게 바다생물을 만날 수 있다.

❹ 커플들이라면 이것은 꼭! 하와이. 잊지 못할 여행의 추억을 간직하고 싶은 커플이라면 스타 오브 호놀룰루의
크루즈 투어는 필수! 모험심이 넘치는 커플이라면 하와이의 전경을 감상할 수 있는 헬기 투어도 강력 추천.
❺ 하와이에서만 접할 수 있는 그것 하와이에서 빼놓을 수 없는 즐거움, 쇼핑. 한국으로 돌아가서도 하와이의
느낌을 간직하고 싶다면 세계 3대 커피 중 하나인 100% 코나 커피, 아기에게도 사용할 수 있는 천연 쿠쿠이오일,
하와이에서 직접 만든 꿀도 좋다. 음악에 관심이 있다면 손쉽게 배울 수 있는 우쿨렐레 악기에 도전해보자.

Must Do List 2
오아후, 이것만은 꼭 해보자 11

하와이 인구의 약 90%가 사는 오아후에서는
하와이 특유의 문화를 다채롭게 경험할 수 있어 좋다.

❷ 하와이의 자연과 정신을 담은 훌라 춤 훌라는 고대 하와이에서 제사나 의식을 거행할 때 신에게 기도를 드리기
위해 추던 춤이다. 훌라의 동작 하나하나가 모두 의미를 담고 있으며 신께 바치는 노래인 '멜레 mele'의 뜻을
정확히 이해하지 못하면 춤을 출 수 없다.

❸ 하와이 스타일의 바비큐, 루아우 '루아우 Luau'란 하와이식 파티로, 전통 화덕에서 요리한 돼지고기인 칼루아
포크와 타로 잎으로 싼 각종 육류 또는 생선 라우 라우, 타로 가루로 만든 폴리네시안 주식 포이 등이 준비된다.

❶ 재미있는 악기, 우쿨렐레
가만히 연주를 듣다보면 어느새 마음까지 편안해지는 묘한 악기가 있다. 하와이의 상징과도 같은 우쿨렐레는
19세기 후반 포르투갈계 이민자들이 가져 온 '브라기냐'라는 4현의 작은 기타에서 변형된 악기다.
한국에도 이미 다수의 마니아층이 있다. 매년 7월 오아후에서는 대규모 우쿨렐레 축제가 열리기도 한다.

❹ **알로하 정신을 담은 레이** 홀라 댄서들이 착용하는 레이 Lei는 장식품이 아니라 자연의 마나(영력)를 몸에
불어넣고자 하는 바람을 담은 것으로 현재 애정과 감사, 축복 등의 마음을 담은 선물로 사용된다. 매년 5월 1일
와이키키 근처 카피올라니 공원에서 레이 축제가 열리고 수백 가지의 레이를 구경할 수 있다.
❺ **하루 만에 서핑정복** 하와이는 서퍼들의 천국이라고 불릴 만큼 전 세계 서퍼들이 즐겨 찾는 곳이다. 수준 높은
서핑 강습을 들을 수 있는데 초보자들도 2시간의 초급 코스를 이수하면 어느 정도 감각을 익힐 수 있다.

4

5

❻ 재미있는 먹거리 투어 하와이는 멀티 컬처라고 해도 좋을 만큼 전 세계의 대표 먹거리를 열린 마음으로 받아들이고 있다. 이곳 사람들은 숙취 해소로 베트남 쌀국수를 즐기고, 밥이 주식이며 때때로 김치도 즐겨 먹는다. 물론 일본식 샤브샤브와 중국 딤섬은 별미로 통한다. 하와이에 머무는 동안은 하루 세끼도 부족하다.

❼ 영화 촬영지를 따라서! 하와이를 배경으로 한 영화들을 보고 나면 어쩐지 하와이가 한걸음 더 가까이 있는 것처럼 느껴진다. 그중에서도 쿠알로아 목장은 〈쥬라기 공원〉, 〈고질라〉, 〈킹콩〉, 〈진주만〉, 〈첫 키스만 50번째〉 등이 촬영되었던 곳으로 영화촬영지를 둘러보는 무비 사이트 액티비티 프로그램이 따로 있을 정도다.

❽ 천혜의 자연에서 즐기는 스노클링 산호초가 살아 숨 쉬는 하나우마 베이는 바다에서 멀리 나가지 않아도 손쉽게 스노클링을 할 수 있는 곳이다. 하와이어로 하나우마는 '만으로 이뤄진 은신처'를 뜻하는데 이 지역이 특별한 것은 1967년부터 법에 의해 해양생물 보호구역으로 지정되었기 때문. 그런 까닭에 해양생물들이 더 증가해 스노클러들을 즐겁게 하고 있다.

❾ 쇼핑 인 더 오아후 미국은 주마다 조금씩 세금이 다른데 하와이는 다른 주에 비해 주세가 4% 대로 낮다. 그래서인지 하와이에는 미국 전역에서도 손가락 안에 꼽히는 대형 쇼핑몰인 알라모아나 센터를 비롯해 와이켈레 프리미엄 아웃렛 Waikele Premium Outlet과 노드스트롬 랙 Nordstorm Rack 등의 아웃렛이 있다.

❿ 스카이다이빙부터 웨일 와칭까지, 액티비티가 가득 오아후에 와서 와이키키 앞바다만 즐기고 가기에는 너무 아쉬운 것들이 많다. 다이나믹한 성격이라면 오아후를 하늘 위에서 감상하는 스카이다이빙이나 시 라이프 파크에서 두 마리 돌고래의 등지느러미를 붙잡고 헤엄치는 돌핀 로얄 스윔, 크루즈에서 혹등고래를 관찰하는 웨일 와칭 Whale Watching이나 일몰을 감상하는 디너 크루즈도 좋다.

⓫ 1년 365일, 페스티벌 천국! 하와이는 한 달에 1회 이상 페스티벌이 열린다. 와이키키 앞 칼라카우아 애비뉴에 들어서면 언제나 북적거리며 살아있는 느낌을 받는다. 대표 축제로는 4월에 열리는 스팸 잼 페스티벌과 9월에는 하와이의 문화를 대표하는 알로하 페스티벌 등이 있다.유명 레스토랑에서 부스를 설치해 먹거리를 판매한다.

Must Eat List
오아후를 맛보다 13

다인종 국가인 하와이는 음식 문화도 매우 다양하고 대부분 한국인의 입맛에도 잘 맞는다.
다음 소개하는 음식들은 하와이의 대표 음식들이며, 오아후 어디서든 맛볼 수 있다.

옥스테일 수프
Oxtail Soup

푹 우려낸 소꼬리 수프로 꼬리 곰탕쯤 되는 시원한 국물 요리. 와이키키 초입에 있는 24시간 카페 와일라나 커피 하우스가 유명하다. 런던 스핏탈필즈에서 발명된 것이 시초다.

갈릭 쉬림프
Garlic Shrimp

노스 쇼어의 새우 양식장 덕분에 발달하게 된 메뉴. 버터에 마늘을 넣고 새우를 함께 볶아 고소하면서 담백하다. 칠리 소스를 더한 스파이시 갈릭 쉬림프는 한국의 양념통닭의 맛이다.

아히 포케
Ahi Poke

아히는 하와이어로 참치, 포케는 무침이라는 뜻. 한국식 참치회 무침 정도. 참치회를 깍두기 모양으로 썰어 하와이산 해조류와 함께 소금, 간장, 참기름, 레몬즙 등으로 간을 맞췄다.

로코모코
Locomoco

밥 위에 돈가스와 달걀 프라이를 얹은 뒤 그레이비 소스를 뿌린 요리. 1949년 빅 아일랜드 힐로의 레스토랑에서 10대 손님들의 요청으로 만들어진 것. 그중 한명의 닉네임이 로코여서 이름이 로코모코가 되었다.

스팸 무수비
Spam Musubi

얇게 썬 스팸을 간장 소스를 발라 구운 뒤 초밥 위에 얹어 김으로 싼 것. 편의점에서 볼 수 있으면서, 버락 오바마 전 미국 대통령도 좋아한다는 메뉴다. 달걀 프라이를 얹는 등의 옵션도 가능.

말라사다
Malasada

겉은 바삭하고 속은 촉촉한 도너츠. 커스터드, 코코넛, 구아바, 초코 등의 크림을 선택할 수 있고, 레오나즈 베이커리의 말라사다가 유명하다.

셰이브 아이스
Shave Ice

얼음을 갈아 만든 빙수의 일종. 400여 가지 시럽 중에 골라 뿌려 먹으며, 떡이나 팥을 추가할 수도 있다. 레인보우 셰이브 아이스가 가장 인기가 좋고, 오아후 할레이바 지역 마츠모토 상점의 셰이브 아이스가 유명하다.

마카다미아 너트
Macadamia Nut

땅콩과 아몬드보다 부드러우면서 고소한 맛이 매력적인 견과류. 전 세계 마카다미아 중 90퍼센트가 하와이에서 생산된다. 빅 아일랜드 힐로 지역에 유명 브랜드 마우나 로아 공장이 있다.

마이타이
Maitai

럼에 갖가지 열대과일 주스를 믹스한 트로피컬 칵테일. 열대꽃과 파인애플이 함께 세팅되어 나오며 미국인들이 가장 좋아하는 칵테일이자 하와이 대표 칵테일 중 하나다. 타히티어로 '좋다'는 뜻.

아사이 볼
Acai Bowl

항산화 기능과 함께 콜레스테롤 수치를 조절하는 데 효과적이이라는 아사이 베리. 아사이 볼은 아사이 베리 스무디 위에 그라놀라와 갖가지 과일을 올린 뒤 꿀을 뿌려 먹는 요리. 식사대용으로도 가능하다.

바나나 브레드
Banana Bread

바나나를 주재료로 한 빵. 자그마한 파운드케이크 모양으로, 한 입 물으면 바나나 향이 입안 가득 퍼진다. 빅 아일랜드 '하나로 가는 길'의 바나나 브레드가 가장 유명하다.

사이민
Saimin

마른 새우로 국물을 낸 뒤 간장으로 간을 맞춘 하와이 스타일의 라면. 일본의 라멘, 중국의 중화면, 필리핀의 빤싯에서 좀 더 발전된 형태다. 편의점에서 컵라면으로도 판매된다.

칼루아 피그
Kalua Pig

칼루아는 하와이 전통 요리법으로 땅속 오븐에서 서서히 익히는 요리법. 땅을 파서 화산석을 쌓아두고 일정 온도가 될 때까지 불을 지핀 뒤 끄고 그 속에 주먹만 한 돼지고기를 타로 잎으로 여러 겹 싸고 티라는 넓은 열대 차나무 잎사귀에 다시 감싸 4시간가량 훈제 시키는 요리다. 하와이 원주민의 전통 음식으로, 루아우 축제 때 등장한다.

Must Buy List
내 손안의 오아후 8

지인들을 위한 선물로 실패 확률이 낮으면서 여행의 만족도를 높여주는 쇼핑 목록을 소개한다.
특히 대형 쇼핑몰과 아웃렛이 모여 있는 오아후에서 쉽게 구할 수 있는 것들이다.

1
쿠쿠이 오일 Kukui Oil

하와이에서 나는 재료를 이용해 만든 오일로, 건조할 때 바르면 높은 효과를 볼 수 있다. 아이들에게 사용해도 될 정도로 순하며, 대신 유통기한이 짧아 개봉한 뒤에는 한 달 안에 사용하는 것이 좋다. 돈키호테나 ABC 스토어에서 구입할 수 있다. 118㎖에 $20~30 정도.

2
호놀룰루 쿠키 Honolulu Cookie

초코와 마카다미아 등 다양한 종류의 맛을 가지고 있으며, 낱개 포장되어 있어 고급스럽다. 와이키키 T 갤러리아 내 호놀룰루 쿠키 매장에서 저렴하게 구입할 수 있다. 17개에 $24.95.

3
하와이안 호스트 초콜릿
Hawaiian Host

초콜릿 속에 들어 있는 마카다미아 너트 크기에 따라 가격이 다른 것이 특징이다. 홀 마카다미아 너트의 가격대가 가장 높으며, 돈키호테나 ABC 스토어, 월마트에서 판매된다. 16개에 $13.68(홀 마카다미아 너트).

4
마카다미아 너트 Macadamia Nut

마우나 로아 브랜드의 마카다미아가 가장 유명하다. 마우나 로아 공장은 빅아일랜드 힐로 지역에 위치해 있으며, 공장 견학도 가능하다. 용량에 따라 가격이 다르며 돈키호테나 ABC 스토어, 월마트에서 판매된다. 311g에 $12.49.

5
아사이베리 Acai Berry

슈퍼 푸드 중 하나로 디저트로 만들어 먹거나 영양제 혹은 주스 형태로 유통되고 있다. 항산화 작용을 하며, 다이어트 용으로도 이용되고 있다. 선물용으로는 분말이나 알약 크기로 판매되는 것이 좋다. 용량과 브랜드에 따라 가격이 천차만별. 아사이베리 파우더는 돈키호테에서, 아사이베리 주스는 코스트코에서 구입할 수 있다.

6
노니 Noni

신의 열매라고도 불리는 노니는 열대지방에서 나는 열매다. 하와이를 포함한 남태평양 지역에서 만병통치약으로 통하며, 주로 체내 면역력을 높여주고 항암에 탁월한 효과를 보인다고 전해진다. 마트나 비타민 숍에서 알약 크기나 주스 형태로 판매되고 있다. 용량과 브랜드에 따라 가격이 천차만별이다.

7
코나 커피 Kona Coffee

빅 아일랜드 코나 지역에서 나고 자란 커피콩을 이용해 만든 것으로 코나 커피 함유량에 따라 가격이 다르다. 포장 겉면에 10~100%까지 코나 커피 함유량이 알기 쉽게 적혀 있다. 용량과 브랜드에 따라 가격이 천차만별이나 198g 기준 $20~30 정도. 코나 커피는 ABC 스토어, 돈키호테, 월마트에서 구입할 수 있다.

8
영양제

센트룸이나 GNC 등 한국에서도 인지도가 높은 브랜드의 영양제는 한국보다 하와이가 저렴하다. 알라모아나 센터에 GNC 매장이 있으며, 센트룸은 코스트코나 월마트에서 판매하고 있다. 용량과 브랜드에 따라 가격이 천차만별이다.

Festival & Event
오아후의 축제 5

하와이는 365일 축제의 도시다. 축제가 열리면 오아후 전체가 떠들썩해지고
와이키키의 메인 도로인 칼라카우아 애비뉴 Kalakaua Ave의 교통이 통제되기도 한다.

4월

스팸 잼 페스티벌 Spam Jam Festival

스팸 무수비가 하와이 대표 음식이듯이, 하와이는 미국 내 스팸 소비량이 가장 높은 도시다. 페스티벌 기간에는 칼라카우아 애비뉴에 스팸 모양의 인형이나, 도시락 케이스 혹은 가방 등 다양한 팬시 아이템을 판매하고, 각 레스토랑에서는 스팸을 이용한 각종 메뉴들을 선보인다.

10월

프라이드 페스티벌 Pride Festival

전 세계 곳곳에서 행해지는 게이, 레즈비언, 트랜스젠더 등 성소수자들의 인권 향상을 위한 날이다. 주로 6월 초 주말에 열린다. 이날 오전에는 칼라카우아 애비뉴에서 빨간 스포츠카에 신랑, 신부 코스프레를 하고 행진하거나, 대형 차량에서 여러 명이 음악을 크게 틀어놓고 춤을 추는 등 그야말로 한 편의 버라이어티 쇼를 보는 것 같은 착각마저 든다.

7월

우쿨렐레 페스티벌 Ukulele Festival

카피올라니 파크의 밴드 스탠드에서 열리는 전 세계에서 가장 큰 우쿨렐레 페스티벌. 남녀노소 할 것 없이 다양한 연령대가 참가한다. 클래식부터 팝송까지 다양한 장르의 우쿨렐레 무대를 감상할 수 있다. 공원에서 우쿨렐레를 판매하기도 하고, 각종 음식을 판매한다.

8~9월

알로하 페스티벌 Aloha Festival

오프닝 세리머니와 함께 훌라쇼, 퍼레이드 등이 열린다. 와이키키 한복판에는 다양한 음식을 저렴하게 판매하고, 이동식 무대에서 공연이 펼쳐지는 등 볼거리와 즐길 거리가 풍성한 축제. 로얄 하와이안 센터 마당에서는 디제이 부스가 만들어져 여행자와 현지인이 어울려 댄스를 즐기기도 한다.

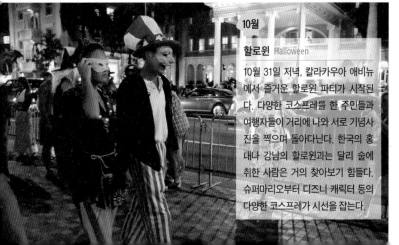

10월

할로윈 Halloween

10월 31일 저녁, 칼라카우아 애비뉴에서 즐거운 할로윈 파티가 시작된다. 다양한 코스프레를 한 주민들과 여행자들이 거리에 나와 서로 기념사진을 찍으며 돌아다닌다. 한국의 홍대나 강남의 할로윈과는 달리 술에 취한 사람은 거의 찾아보기 힘들다. 슈퍼마리오부터 디즈니 캐릭터 등의 다양한 코스프레가 시선을 잡는다.

INFORMATION
하와이 국가 정보

하와이는 천혜의 자연경관을 자랑하며, 오감을 자극하는 액티비티가 있다. 뿐만 아니라 전 세계인들의 최고의 휴양지답게 다양한 먹거리도 이곳만의 자랑이다. 140여 개의 화산섬 가운데 여행이 가능한 곳은 단 여섯 곳뿐이라는 것이 안타까울 정도. 하와이는 와이키키 비치가 있는 오아후 섬을 메인으로, 그 밖의 섬들을 '이웃섬'이라고 통칭한다.

카우아이

카우아이 섬 Kauai

'정원의 섬' 이라고 불리는 곳. 에메랄드빛의 와이메아 캐니언과 깎아지르듯 솟아오른 나 팔리 코스트 절벽, 포이푸 비치 파크에서 하날레이 베이까지 80㎞에 달하는 아름다운 해변까지. 상상 이상의 자연경관을 자랑한다.

자연이 주는 선물 이외에도 와일루아 강에서의 카약, 포이푸 비치의 스노클링, 코케에 주립공원의 트레킹 등 다양한 어드벤처도 즐길 수 있다.

오아후

오아후 섬 Oahu

오아후는 하와이의 주요 섬 중에서도 여행자들이 가장 많이 방문하는 곳이다. 또한 교통의 요충지이기 때문에 여행자들이 베이스캠프로 삼기에도 좋다. 자연과 도시가 조화를 이룬 이곳은 와이키키 비치 외에도 아름다운 해안 풍경을 감상할 수 있는 누우아누팔리 전망대, 서핑의 고수들이 즐비한 노스 쇼어 등과 이올라니 궁전, 보물이 소장되어 있는 비숍 박물관 등 역사적인 장소도 모여 있으며, 23:00까지 영업하는 와이키키 쇼핑센터들이 여행 만족도를 높인다.

몰로카이 섬 Molokai

훌라의 발생지. 코코넛 나무보다 더 높은 건물은 물론이고 신호등조차 찾아볼 수 없는, 옛 하와이의 모습을 가장 잘 느낄 수 있는 섬이다. 길이 61km, 폭 16km의 작은 섬으로, 북동쪽에는 세계에서 제일 높은 해안 절벽이, 남쪽 해안에는 하와이에서 가장 긴 산호지대(45km)가 있다. 도보, 자전거, 4륜구동 등을 즐기며 섬을 돌아보면 마치 시간이 멈춘 것 같은 착각마저 드는 곳.

마우이 섬 Maui

15년 이상 '콘데 나스트 트래블러' 독자가 최고의 섬으로 손꼽은 곳. 그림 같은 풍경을 선사하는 카아나팔리 해변과 해돋이를 감상 포인트인 할레아칼라 국립공원, 겨울에 등장하는 수천 마리의 흑등고래 등 감탄이 쏟아지는 자연경관. 게다가 180도 굽어진 길을 따라 장관을 연출하는 폭포를 만날 수 있는 하나까지. 하와이에서 두 번째로 큰 섬인 마우이는 생각보다 인구가 많지 않아 여행자들에게 힐링의 장소가 되어줄 것이다.

몰로카이

라나이

마우이

빅 아일랜드(하와이 섬) Big Island

하와이 제도의 다른 섬들을 전부 합친 것보다 거의 2배가량 커 하와이 섬이라고도 부르나, 현재 하와이 주의 이름과 혼동하지 않기 위해 대부분 빅 아일랜드로 부르는 편이다. 전 세계에서 가장 활발히 활동하는 화산 킬라우에아, 해저부터의 높이가 1만 580m가 넘어 세계에서 가장 높은 산 마우나 케아, 미국 최대 규모의 하와이 화산 국립공원 등이 있으며, 카메하메하 대왕 탄생지, 카일루아 유적 마을의 하와이 최초 교회 등이 있다.

라나이 섬 Lanai

빌 게이츠가 결혼식을 올린 섬. 마우이로부터 14㎞ 떨어진 곳으로, 두 이미지가 공존한다. 하나는 세계 정상급 호텔 시설과 챔피언십 수준의 골프 코스이며, 다른 하나는 4륜구동을 타고 케아히아카웰로(신들의 정원)과 훌리후아 비치 등을 배경으로 달릴 수 있는 자연. 실제로 이곳의 포장도로는 총 48㎞에 지나지 않는다.

빅 아일랜드
(하와이 섬)

인구 및 인종 PEOPLE

현재 하와이 거주 인구는 142만 6,393명(2018년 기준, worldpopulationreview.com 참고)이고, 아시아계가 54만명, 백인은 34만 명, 하와이 원주민이 14만 명을 차지한다.

미국 전자여행 허가제 ESTA

미국 방문목적이 여행이며 체류 기간이 90일 이내일 경우, 대한민국 전자여권을 소지하고 있는 국민이라면 누구나 비자 면제 프로그램을 신청할 수 있다. 이 프로그램은 인터넷 상으로 간단하게 생년월일과 여권번호 등을 기입해 비자 없이 미국 여행 허가를 받는 것으로 기록 후 신용카드로 $14을 계산하면 쉽게 신청할 수 있다. 유효기간은 2년이며, 홈페이지 상으로는 미국 출발 72시간 전에 신청할 것을 권유하고 있으나 만일에 대비해 미국 여행 15일 전에 신청을 완료하는 것이 좋다.

홈페이지 https://esta.cbp.dhs.gov

시차 TIME DIFFERENCE

한국과의 시차는 19시간. 하와이가 한국보다 19시간 느리다.

비행 시간 FLIGHT TIME

인천-호놀룰루 직항의 경우 비행 시간은 약 9시간. 스케줄은 대략 다음과 같다(2019년 6월 기준, 변동이 있을 수 있으므로 정확한 스케줄은 항공사로 문의해야 한다. 진에어의 경우 기재 운영 관계로 일부 운휴된다. 현재 공개된 하계 스케줄은 7월 22일~8월 25일까지 운항되는 스케줄이다).

언어 LANGUAGE

하와이어가 있긴 하지만 영어를 공통어로 사용한다.

전압 VOLTAGE

하와이의 전압은 110V로, 주파수는 60Hz. 전기 플러그는 구멍이 2개 혹은 3개인 것을 이용한다. 한국의 220V 제품을 이용하려면 휴대용 변압기나 멀티 플러그를 가져가는 것이 좋다.

화폐와 환전 MONEY

미국 달러($)를 사용한다. 지폐는 $1, $5, $10, $20, $50, $100 총 6종류가 있고, 동전은 €25(쿼터), €10(다임), €5(니켈), €1(페니) 4종류가 있다. 오아후에서 급하게 한화를 달러로 환전하고 싶다면 T 갤러리아 내 환전소를 이용하는 것이 좋다.

통화 TELEPHONE

하와이 주의 지역번호는 808.

날씨 WEATHER

하와이는 사시사철, 연중 방문해도 좋다. 다만 4~11월의 기온이 다소 높고(평균 23~31℃), 12~3월의 겨울은 약간 선선하다(평균 20~27℃). 고래를 관찰할 수 있는 웨일 와칭 Whale Watching 투어는 하와이 전역을 통틀어 12월 말~5월 초까지 계속된다. 11~2월에는 오아후 노스 쇼어의 서핑 시즌이다. 11~4월 우기가 있긴 하나 잠깐 비가 지나가는 정도라 크게 걱정하지 않아도 된다.

항공사	인천→호놀룰루	호놀룰루→인천
대한항공 (인천국제공항 제2여객터미널 이용)	KE 001 17:40→20:00(나리타) 21:20(나리타)→10:00	KE 002 11:55→15:20(나리타)(+1) 17:20(나리타)→19:55
	KE053 21:20→10:45	KE054 12:55→17:50(+1)
아시아나항공	OZ232 20:20→10:10	OZ231 11:50→17:10(+1)
하와이안항공	HA460 22:00→11:50	HA459 14:30→20:00(+1)
진에어	LJ601 19:00→09:05	LJ602 10:30→15:03(+1)

면세 FREE

하와이로 입국 시 술은 약 1ℓ, 종이담배는 200개비, 토산품 100달러까지 면세 혜택을 받고 판매를 목적으로 하지 않는 화장품이나 귀금속류 등이 면세 범위에 해당된다. 단, 과일이나 식물, 육류, 동식물은 반입금지다.

팁 TIP

하와이는 팁 문화가 발달되어 있다. 레스토랑은 요금의 15~25%, 택시는 요금의 10~15%, 발렛 파킹은 $1~2, 호텔에서 직원에게 서비스를 요청하거나 셔틀버스 역시 $1~2, 호텔 벨보이에게는 짐 한 개당 $1씩 지불하면 된다. 단 레스토랑에서 테이크아웃을 하거나, 패스트푸드점은 별도의 팁을 지불하지 않아도 된다.

Tip

1 현지 일정은 여유 있게!

일정이 너무 빡빡하면 여행 내내 스트레스를 받을 수 있어요. 뿐만 아니라 차가 막히거나, 예기치 못한 문제로 시간을 낭비하는 일도 생긴답니다. 욕심이 앞선 계획보다 전체적으로 여유 있는 스케줄로 하와이를 즐기세요.

2 하와이에서 시차 적응은 아주 중요해요

하와이는 한국보다 19시간이 늦어요. 여행 첫날 시차 적응을 제대로 하지 않으면 일정 내내 고생할 수 있죠. 첫날은 여유 있게 일정을 잡고, 저녁 늦게 잠드는 것이 좋아요.

3 하와이 해변은 24시간 운영이 아닙니다

한국과는 달리 하와이의 해변은 24시간 오픈되어 있지 않아요. 심지어 음주는 엄격히 금하고 있죠(공원에서도 음주는 불법이에요). 해변 운영 시간이 명시되어 있지 않더라도 일몰 후에는 머물지 않는 것이 좋아요.

4 렌터카를 탈 땐 도난을 조심하세요

렌터카 여행 시 차 안의 지도나 가이드북, 혹은 네비게이션은 소매치기의 표적이 될 수 있어요. 차에서 내리기 전 카메라 등 귀중품과 네비게이션, 지도 등은 눈에 띄지 않는 곳에 넣어두거나 휴대하는 게 좋아요.

5 술을 주문할 때 신분증이 필요해요

편의점에서 알코올을 구입할 때도, 바에서 칵테일 한 잔을 주문하더라도 신분증은 반드시 필요해요. 여행 시 신분증은 꼭 지참하세요.

6 하와이에서 자외선차단제는 필수!

와이키키 곳곳에 위치한 ABC Store에서는 자외선차단제의 SPF 지수가 100인 제품도 있을 정도랍니다. 이동 시 자외선 차단제를 꼼꼼히 바르는 게 좋고, 특히 서핑이나 트레킹 등 액티비티를 할 예정이라면 더욱더 자주 발라주는 게 좋아요. 또한 해변에서 태닝하다 깜빡 잊고 잠들어 화상을 입는 경우도 있으니 그 역시 주의하세요.

7 유명 레스토랑은 해피 아워를 공략!

와이키키 내 울프강 스테이크 하우스나 하드 록 카페, 야드 하우스, 피에프 창스, 탑 오브 와이키키 등 레스토랑에서는 해피 아워 Happy Hour에 칵테일이나 맥주, 스테이크를 할인된 가격에 제공합니다. 해피 아워를 공략해 좀 더 저렴하게 맛 좋은 메뉴를 즐겨 보세요.

오아후 지역 정보

'알로하 아일랜드 Aloha Island' 혹은 '더 개더링 플레이스 The Gathering Place'라고 불리는 오아후는 하와이 여행의 중심이다. 24시간 관광객이 깨어 있는 와이키키를 비롯해, 화산 활동으로 생긴 천혜의 자연을 감상할 수 있는 하나우마 베이, 전 세계 유명인사들이 찾는 최고급 리조트가 있는 카할라, 오아후 북단의 할레이바 지역으로 더 유명해진 노스 쇼어까지 오감만족 여행을 즐겨보자.

지형 마스터하기

오아후는 쉽게 동서남북으로 나누어 설명할 수 있다. 남쪽에는 와이키키, 다운타운, 차이나타운, 팔리, 알라 모아나가 있고 북쪽에는 노스 쇼어, 터틀 베이, 할레이바, 모쿨레이아가 있다. 또 북동쪽에는 윈드 워드, 동쪽에는 하나우마 베이, 와이마날로, 하와이 카이가 있으며, 서쪽에는 펄 하버(진주만), 와이켈레, 코 올리나 등이 있다.

날씨

하와이의 여름은 5~10월로 평균 29℃를 웃도는 반면, 겨울인 11~4월에는 평균 온도가 25.6℃이다. 밤 평균 기온은 대체적으로 5~6℃ 낮다. 겨울 가운데에서도 11~3월 사이에는 특히 비가 많이 내리는데 강수량이 60~80㎜ 정도로 꽤 높은 편이다. 하지만 세차게 비가 내리다가도 언제 비가 내렸냐는 듯 금방 맑게 개는 날씨 때문에 무지개를 흔하게 볼 수 있다.
계절에 상관없이 수온은 연평균 22~24℃로 언제나 바다 수영이 가능한 환경이어서, 연중무휴로 오아후를 즐길 수 있다.

공항

오아후에는 호놀룰루 국제공항 HNL이 있다. 대부분의 여행자들이 하와이를 방문할 때 오아후의 호놀룰루 국제공항을 통해 입국한다. 이웃섬을 가기 위해 주내선으로 갈아타는 곳 역시 호놀룰루 국제공항이다.

공항에서 주변까지 소요시간

편도로 시간을 체크한다면 호놀룰루 공항에서 와이키키까지 차로 20~30분이면 도착한다. 대부분 관광을 와이키키에서 시작한다고 가정한다면, 렌터카를 이용해 와이키키에서 다이아몬드 헤드까지 10분, 하나우마 베이까지는 20분 정도 소요되고, 와이켈레 프리미엄 아웃렛의 경우 30분, 유명한 새우 트럭과 원조 셰이브 아이스크림 가게가 있는 할레이바까지는 50분, 폴리네시안 문화 센터까지는 1시간 남짓 소요된

오아후 1일 예산

- **숙박비(2인)** $200~500
- **교통비(소형 렌터카)** $100
- **식사(1인 3식)**
  브렉퍼스트 $20, 런치 $20, 디너 $50
- **액티비티(1인)** $100~
- **예상 1인 총 경비**(쇼핑 예산 제외)
  약 $640(한화 약 76만 1,792원, 2019년 6월 기준)

Tip 오아후의 역사

하와이 왕조 시대였던 1845년, 마우이 섬 라하이나를 대신해 정치·경제의 중심지가 된 곳이 바로 호놀룰루예요. 1893년 백인들이 일으킨 쿠데타로 릴리우오칼라니 여왕이 미국 내 유일한 궁전인 이올라니 궁전에 유배된 다음해에 여왕이 항복을 하면서 하와이 왕조는 그 역사의 막을 내리게 되었죠. 그 뒤 1959년 하와이가 아메리카 합중국의 50번째 주(州)로 인정됨과 동시에 호놀룰루는 하와이의 주도(州都)가 되어 현재에 이르고 있답니다.

카후쿠
폴리네시안 문화 센터
라이에
푸날루우
코올라우 산맥
카하나
83
카네오헤
830
83
H3
카일루아~카네오헤
카일루아
마노아~마카키
63
61
72
와이마날로
호놀룰루 국제공항
호놀룰루
하와이 카이
카할라
H1
알라 모아나
다이아몬드 헤드
와이키키
하나우마 베이

다. 단, 위의 시간은 교통이 막히지 않는 경우를 가정한 것이며 오아후에서 출퇴근 시간의 경우 고속도로의 교통체증이 심한 편이라 만약의 경우를 대비해서 계획을 짜는 것이 좋다.

누구와 함께라면 즐거울까

이웃섬의 경우 각 섬마다 개성이 달라 여행자의 성격이나 취향에 따라 호불호가 확실하게 구분되는 반면, 오아후의 경우는 신혼부부뿐 아니라 아이가 함께 하는 가족여행, 부모님과 함께 떠난 힐링여행이나 친구와 함께 떠나는 액티브여행 등 갖가지 테마를 가지고 입맛대로 즐길 수 있다는 장점이 있다.

여행 시 챙겨야 하는 필수품

여름 옷을 준비하되 각종 쇼핑몰과 공연장 내부는 에어컨 가동으로 다소 추울 수 있다. 가벼운 카디건 하나 정도는 챙기는 것이 좋다. 또 디너 크루즈나 칵테일 파티를 즐길 계획이라면 세미 캐주얼의 의상을 준비하면 좋을 듯. 오아후에서 해돋이 장소로 유명한 다이아몬드 헤드를 오를 예정이라면 슬리퍼보다 운동화가 훨씬 편할 수 있다.

ACCESS
여행지 입국 정보

호놀룰루 국제공항에 대한 모든 것

호놀룰루 국제공항의 정식 명칭은 Daniel K. Inouye International Airport다. 이곳은 총 3개의 터미널로 나뉘는데, 국제선이 다니는 오버시 터미널 Oversea Terminal과 주내선이 다니는 인터 아일랜드 터미널 Inter-island Terminal, 코뮤터 터미널 Commuter Terminal로 나뉜다. 공항이 전체적으로 크지 않고, 복잡하지 않아 이정표만 잘 보면 무사히 이동하고 도착할 수 있다.

호놀룰루 공항에 도착

비행기 착륙 → 입국심사대 → 수화물 찾기 → 세관 신고 → 게이트(그룹/개인)로 나가기

호놀룰루 국제공항에서 와이키키까지

공항에서 와이키키 시내로 이동하기 위해선 택시나 공항 셔틀버스, 렌터카 등을 이용할 수 있다. 그중 가장 많이 이용하는 수단이 바로 택시와 셔틀버스. 택시를 이용할 경우 20~30분 내외로 와이키키에 진입할 수 있다.

셔틀 Shuttle

▶스피디 셔틀 Speedi Shuttle

호놀룰루 국제공항 정식 셔틀버스로, 공항에서 와이키키의 호텔까지 소요시간은 40분 내외. 호텔 앞에 바로 내릴 수 있어서 편리하며 여러 곳 정차하지 않아 좋다. 공항을 나오면 개인 게이트 Individual Gate 앞에 스피디 셔틀 피켓을 들고 있는 직원을 만날 수 있다. 직원에게 문의하면 탑승 장소를 안내받을 수 있다. 홈페이지를 통해 미리 예약할 수 있으며, 정확한 탑승 위치도 다운받을 수 있다. 왕복 티켓 구입 시 10% 할인된다.

가격 편도 $16~ (하차 장소에 따라 다름, 캐리어 1개당 팁 $1) 전화 877-242-5777 홈페이지 www.speedishuttle.com 영업 07:00~22:00(사무실)

▶로버츠 하와이 Roberts Hawaii

스피디 셔틀보다는 가격이 저렴한 대신, 공항에서 대기 시간이 길고 정차하는 호텔도 많아 그만큼 소요시간이 길다는 단점이 있다. 홈페이지를 통해 미리 예약해야 공항 입국장까지 직원이 픽업 나오며, 와이키키 지역 내 원하는 호텔까지 데려다준다. 편도보다 왕복 요금이 조금 더 저렴하다. 그룹 게이트 Group Gate로 나오면 로버츠 하와이 안내 부스를 찾아볼 수 있다.

가격 편도 $17, 왕복 $32(캐리어 1개당 팁 $1) 전화 808-441-7800 홈페이지 www.robertshawaii.com

택시 Taxi

가장 쉽게 이용할 수 있는 교통수단. 공항 개인 게이트 Individual Gate로 나와 건너편에 택시 승강장이 있다. 기사에게 목적지를 보여주거나 호텔 이름만 말하면 알아서 목적지까지 데려다준다. 기본 요금은 $3~3.5로, 대략 공항에서 와이키키까지 $40~50 내외. 택시 요금의 10~15% 정도를 팁으로 지불하면 된다. 잔돈이 없더라도 걱정하지 말 것. 팁까지 포함한 금액을 말하고 잔돈을 거슬러 받으면 된다. 다른 여행지에서 바가지요금이나 주행거리 사기 경험이 있을지라도 하와이에서는 안심해도 좋다.

렌터카 Rent a Car

공항 밖으로 나오면 바로 도로가 보인다. 도로를 마주하고 오른쪽 끝까지 걷다보면 'Car Rental' 이라는 표지판이 보인다. 렌터카 셔틀버스 정차하는 곳이 있다. 이곳에서 예약한 렌터카 셔틀버스를 타고 영업점으로 이동해 차량을 픽업하면 된다. 하와이에서 렌터카 차량 픽업 시 여권과 한국운전면허증, 신용카드가 필요하며, 반납은 픽업한 장소와 같다. 렌터카 반납 후 셔틀버스를 타고 공항으로 이동할 수 있다. 자세한 내용은 P.549 참고.

TRANSPORTATION
지역 교통 정보

오아후는 다른 섬들에 비해 대중교통 수단이 잘 갖춰져 있어 여행자들도 비교적 이용하기 쉽고 편리하게 이용할 수 있다.

와이키키 트롤리 Waikiki Trolley

오아후 내 쇼핑센터와 주요 관광 명소만을 골라 정차하는 트롤리는 여행자들에게 편리한 손과 발이 되어주고 있다. 특히 창문 없이 뻥 뚫려 있는 트롤리의 외관이 재미있어 관광객들이 시내를 돌며 관광하기 안성맞춤. 와이키키 트롤리는 역사적인 관광지를 도는 레드 라인, 해안가를 따라 와이키키 아쿠아리움과 다이아몬드 헤드를 순회하는 그린 라인, 하와이 남동쪽 해안가를 오가는 블루라인, 거대한 쇼핑센터인 알라모아나 센터와 와이키키를 오가는 핑크 라인과 유명 맛집을 오가는 옐로 라인으로 나뉘어져 있다. 최근에는 진주만과 펄릿지 쇼핑센터 등을 오가는 퍼플 라인이 추가됐다.

위치 T 갤러리아 1층에 티켓 판매소가 있다. 요금 핑크 라인·옐로 라인 편도 1회 $29(그 외 라인 $25), 1일 자유승차권 $45, 4일 자유 승차권 $65, 7일 자유 승차권 $70 문의 808-593-2822, www.waikikitrolley.com

더 버스 The Bus

오아후 구석구석을 운행하는 오아후의 버스는 현지인들뿐 아니라 여행자들도 노선 체크만 잘하면 저렴한 가격으로 관광지를 오갈 수 있다. 사실 더 버스는 오아후 전체를 거미줄처럼 연결하고 있는데, 초행자라면 노선도를 보지 않고서는 좀처럼 알기 어렵다. 홈페이지에서 버스 노선도를 찾아볼 수 있다.

2018년 1월부터 버스 요금이 1회 $2.75으로 인상되었으며, 하루 종일 버스를 이용할 수 있는 종일권(1일) 티켓($5.50)이 새롭게 생겼다. 일주일이나 한 달짜리 티켓은 와이키키 내 ABC 스토어에서 판매하고 있다.

운행시간 05:30~22:00(노선에 따라 약간씩 차이가 있다) 요금 1회 $2.75, 1일 $5.50(운전사가 거스름돈을 따로 준비하지 않는다) 문의 808-848-5555, www.thebus.org(한국어 지원)

택시 Taxi

더 버스나 와이키키 트롤리로 가기 힘든 장소나 저녁에 외출할 때에는 편리하고 안심할 수 있는 택시를 이용하자. 요금 시스템이 잘 되어 있어 불미스러운 일이 생길 염려가 적다.

문의 포니택시(한국인 콜택시) 808-944-8282, 노탑택시(한국인 콜택시, 팁 없음) 808-945-7777, 더 캡 808-422-2222

렌터카 Rent a Car

렌터카를 이용하면 시간을 효율적으로 사용할 수 있어 짧은 기간에도 오아후 전역을 누빌 수 있다. 공항의 대형 렌터카 영업소에서 빌리거나 반납할 수 있고, 와이키키 내에도 업체가 있어 여행 일정 중 일부분만 이용이 가능하다.

그 밖의 교통

1) 리무진 Limousine

호화로운 대형 리무진. 영화에나 나올 법한 리무진도 일행이 많다면 생각보다 저렴하게 이용할 수 있다. 2시간 이상 이용이 원칙으로, 이메일을 통해 미리 예약해야 한다. 가격은 이동 시간, 인원, 거리에 따라 측정된다.

문의 808-725-3135, www.viplimohawaii.com

2) 모페드 & 바이크 Moped & Bike

좁은 길에서는 역시 50cc 스쿠터인 모페드(보통면허 필요)과 자전거가 최고. 렌털 숍이 많아 쉽게 빌릴 수 있지만 자전거의 경우 자동차 도로를 이용해야 하며 와이키키의 메인 도로인 칼라카우아 애비뉴 Kalakaua Ave. 진입이 금지되어 있으니 주의할 필요가 있다. 대여료는 조금씩 차이가 있으나 24시간 기준으로 모페드는 $30~55, 스쿠터는 $75~119 사이다.

문의 866-916-6733, www.hawaiianstyle rentals.com

3) 할리 데이비슨 Harley-Davison
최근 오아후에서는 대형 할리 데이비슨을 빌려 교외의 하이웨이를 질주하는 관광객이 늘고 있다. 만21세 이상이어야 대여가 가능하며, 신용카드와 2종 소형면허증이 있어야 한다. 대여 비용은 24시간 기준 $99~239 정도.

문의 808-757-9839, www.hawaiiharleyrental. com/oahu.htm

Plus 자전거로 와이키키 한 바퀴, 비키 biki

호놀룰루에 처음 도입된 자전거 쉐어 프로그램 비키 biki는 하와이의 새로운 즐길거리이자 대중교통 수단으로 자리 잡고 있다. 와이키키와 알라모아나 근처에는 태양열 에너지로 운영되는 대략 100개의 자전거 대여소가 있고, 약 1000대의 자전거가 운용되고 있어 언제든 픽업과 반납이 간편하다. 와이키키에서 알라모아나 센터까지, 혹은 와이키키 초입에서 호놀룰루 동물원까지 가는 코스라면 부담 없이 이용해보자.

와이키키 해변 앞에 설치되어 있는 biki 대여소

+ 자전거 도로
하와이에서 자전거는 도로교통법상 인도가 아닌 차도를 이용해야 한다. 와이키키 메인 도로인 칼라카우아 에비뉴와 도로 곳곳에 자전거 전용 도로가 조성되어 있으나, 간혹 자전거 도로가 없는 경우라면 차도를 이용해야하기 때문에 특히 주의가 필요하다.

+ 요금
자전거 보관소에 설치된 기계에 직접 원하는 이용 시간을 입력하고 신용카드로 요금을 결제할 수 있다. 이 방법으로는 30분 탑승에 $3.50, 300분 탑승에 $20이다. 1회 탑승 시 보증금 개념으로 $50이 함께 결제되는데, 이는 2~3일 후 다시 돌려받을 수 있기 때문에 크게 신경 쓰지 않아도 된다.
한 달 이상 장기 이용자들은 웹사이트(gobiki. org)나 biki 애플리케이션을 통해 등록 및 결제할 수 있다.

+ 대여 순서

1 신용카드를 기계에 넣고, 원하는 사용 시간을 선택한 뒤 개인 전화번호와 우편번호 등을 입력(와이키키 우편번호 96813)한다. 뒤이어 1, 2, 3 숫자로 조합된 5개의 패스워드가 화면에 뜨면 기억한다.
2 주차된 자전거 중 하나를 선택해 왼쪽의 버튼에 패스워드를 누른다. 녹색불이 켜지면 자전거의 브레이크 부분을 잡고 힘차게 꺼내면 된다.
3 반납할 때도 마찬가지로 브레이크 부분을 잡고 앞바퀴를 자전거 파킹 랏에 맞게 끼운 뒤 녹색불이 켜지면 완료.

Tip

최근 와이키키에는 라커룸이 새롭게 오픈했답니다. 2시간에서 최대 24시간까지 지정 가능하며, 비밀번호 대신 사용자의 생일과 좋아하는 색상을 지정하고 금액을 지불하면 간단하게 이용할 수 있어요. 키와 지갑, 휴대폰 등 휴대품을 보관하는 소형 사이즈부터 캐리어가 들어가는 대형 사이즈까지 다양하게 선택할 수 있어 효율적이죠. 이용요금은 2시간에 $7, 하루는 $40. 위치는 와이키키 중심에 자리한 와이키키 경찰서 뒤편이며, 더 자세한 내용은 www.alohalockershawaii.com을 참고하세요.

BEST CORSE
추천 여행 일정

종합 여행 코스

오아후 여행 3일 코스

오아후에서 놓치지 말아야 하는 필수 코스만 핵심적으로 추린 일정이다.

일수	상세 일정
1DAY	카메하메하 대왕 동상 → 이올라니 궁전 → 알라모아나 센터 → 와이키키 호텔 체크인 하기 전 다운타운과 알라모아나 센터를 둘러본 뒤 와이키키를 즐긴다.
2DAY	하나우마 베이 → 라나이 룩아웃 → 할로나 블로우 홀 → 샌디비치 → 할레이바 → 돌 플랜테이션 → 와이켈레 프리미엄 아웃렛 아름다운 동부 해안을 시작으로 해변도로를 달린 뒤 북부 지역인 할레비아 타운을 둘러본 후 아웃렛에서 쇼핑한다.
3DAY	쿠알로아 목장 또는 폴리네시안 문화 센터 → 카터마란 → 월마트 또는 돈키호테 하와이의 대자연을 느끼는 쿠알로아 목장 혹은 하와이 문화를 체험할 수 있는 폴리네시안 문화 센터를 즐긴 뒤 카터마란으로 와이키키의 해지는 노을을 감상한다.

오아후 여행 4일 코스

첫 날 휴식 후 렌터카로 3일 동안 오아후의 구석 구석을 돌아보는 일정이다.

일수	상세 일정
1DAY	알라모아나 센터 → 와이키키 첫 날 대규모의 알라모아나 센터를 탐험한 뒤 와이키키로 향한다.
2DAY	하나우마 베이 → 라나이 룩아웃 → 할로나 블로우 홀 → 샌디 비치 → 와이마날로 비치 → 카일루아 비치 이 날 하루 만큼은 아름다운 하와이 바다의 매력에 빠져보자.
3DAY	라니아 케아 비치 → 마츠모토 그로서리 스토어 → 할레이바 → 돌 플랜테이션 → 와이켈레 프리미엄 아웃렛 하와이 대표 간식인 쉐이브 아이스크림과 파인애플 아이스크림을 맛보고, 쇼핑 천국을 경험하는 날.
4DAY	알라모아나 비치 파크 → 이올라니 궁전 → 카메하메하 대왕 동상 → 알로하 타워 마켓 플레이스 → 선셋크루즈 → 월 마트 또는 돈키호테 하와이 현지인들이 즐겨찾는 비치와 과거 하와이의 역사를 알 수 있는 다운타운에서 여행의 마지막 날을 보내자.

오아후 여행 5일 코스

볼거리와 먹거리, 쇼핑을 총망라해 가족 단위나 연인 등 누구나 즐길 수 있는 일정이다.

일수	상세 일정
1DAY	와이키키 → 리조트 내 수영장 → 인터네셔널 마켓 플레이스 와이키키와 수영장에서 자유 시간을 보낸 후 인터네셔널 마켓 플레이스에서 쇼핑, 무료 훌라 공연(해질 때쯤 야외 중앙 무대), 저녁 식사까지 논스톱으로!
2DAY	한스 히드만 서프 스쿨 → 호놀룰루 커피 체험 센터 → 알라모아나 센터 혹은와이켈레 프리미엄 아웃렛 오전에 한스 히드만 서프 스쿨에서 서핑 혹은 스탠드업 패들 등을 즐겨보자. 호놀룰루 커피 체험 센터에서는 브런치 메뉴를 놓치지 말 것.
3DAY	하나우마 베이 → 라나이 룩아웃 → 할로나 블로우 홀 → 샌디비치 → 와이말로 비치 → 부츠 & 키모스 홈 스타일 키친 → 카일루아 비치 해안 도로를 따라 자유롭게 오션뷰 즐기는 일정. 스노클링을 좋아한다면 하나우마 베이에서 아름다운 해변에서의 바다 수영이 더 좋다면 카일루아 비치에서 더 시간을 보내자.
4DAY	쿠알로아 랜치 → 할레이바 → 호노스 쉬림프 트럭 → 돌 플랜테이션 → 선셋 크루즈 다양한 영화의 촬영장소였던 쿠알로아 랜치에서 자연의 웅장함을 감상한 뒤 할레이바의 올드타운 매력에 빠져보자.
5DAY	다이아몬드 헤드 → 무수비 카페 이야스메 → 귀국 여행의 마지막 날, 다이아몬드 헤드에서 일출을 감상한 뒤 하와이 대표 주먹밥인 스팸 무수비로 아침식사를 해결한 뒤 귀국한다.

+PLUS COURSE 이웃섬 원데이 투어
하와이는 오아후 이외에도 마우이, 빅아일랜드, 카우아이 등의 이웃섬이 있다. 이곳은 오아후에서 비행기로 30~40분 가량 소요되는 곳으로 각 이웃섬마다 한국인이 가이드로 운영하는 1일 투어가 있다. 이웃섬 문의는 하와이 현지 여행사인 가자하와이(gajahawaii.com)을 이용하자.

테마 여행 코스

쇼핑을 위한 여행 5일 코스

작은 기념품 가게부터 아웃렛까지 하와이 쇼핑의 모든 것을 총망라한 일정이다.

일수	상세 일정
1DAY	**티 갤러리아 → ROSS → 노드스트롬 랙 → 인터네셔널 마켓 플레이스** 하와이 유일한 면세점가 가장 저렴한 쇼핑이 가능한 ROS, 백화점 아울렛인 노드스트롬 랙이 모두 가까이에 모여있어 논스톱 쇼핑을 할 수 있다.
2DAY	**할레이바 → 호노스 쉬림프 트럭 → 와이켈레 프리미엄 아웃렛** 할레이바 올드타운에는 다양한 로컬 숍이 즐비하다. 거리를 걸으며 개성강한 숍들을 만나보자. 와이켈레 프리미엄 아웃렛에서 저렴한 명품 쇼핑에 도전!
3DAY	**사우스 쇼어 마켓 → T.J.Maxx → 알라모아나 센터** 사우스 쇼어 마켓은 로컬 디자이너들의 리빙, 아트, 패션 제품들을 만날 수 있다. 매장수는 적어도 둘러보는 재미가 있고, 바로 옆T.J.Maxx에서 브랜드의 이월 상품들이 있다.
4DAY	**KCC 파머스 마켓 또는알로하 스타디움 & 스왑 미트 → 월마트 또는 돈키호테** KCC 파머스 마켓은 화요일 오후나 토요일 오전에 개장하고, 알로하 스타디움에서 열리는 스왑미트는 수, 토, 일요일에 열린다. 재래시장의 분위기를 느껴보자.
5DAY	**아일랜드 빈티지 커피 → 로얄 하와이안 쇼핑 센터 → 귀국** 아일랜드 빈티지 커피에서 브런치를 즐겨보자. 한국인이 좋아하는 김치 볶음밥도 있고, 전형적인 하와이 아침식사인 아일랜드 플레이트도 있다.

미식을 위한 여행 5일 코스

유명 브런치 카페부터 펍, 대표 스테이크 레스토랑까지 골고루 먹고 마시며 즐기는 일정이다.

일수	상세 일정
1DAY	**헤븐리 아일랜드 라이프스타일 → 와이키키 → 야드 하우스** 헤븐리 아일랜드 라이프 스타일에서는 로코모코, 에그 베네딕트 등이 유명하다. 첫날 마무리는 전 세계의 맥주가 모두 모여있다는 야드 하우스에서!
2DAY	**KCC 파머스 마켓 → 차이나 타운 → 더 피그 앤 더 레이디 또는야키토리 하치베이** 파머스 마켓에서 하와이의 로컬 음식을 맛보자. 더 피그 앤 더 레이디나 일식 주점인 야키토리 하치베이는 미리 3-4일 전에 미리 예약해두는 것이 좋을 정도로 유명하다.
3DAY	**스크래치 키친 &미터리 → 사우스 쇼어 마켓 → 알라모아나 센터 → 크랙킨 키친** 스크래치 키친 &미터리에서 브런치를 즐긴 뒤 사우스 쇼어 마켓을 둘러보고 근처 알라모아나 센터로 이동하자. 오늘 저녁 메뉴는 크랙킨 키친의 해산물 요리다. 예약은 필수!
4DAY	**더 크림 팟 → 호노스 쉬림프 트럭 → 돌 플랜테이션 → 울프강스 스테이크 하우스** 더 크림 팟에서 아침 식사 후 북쪽 해안가를 향해 달리자. 그곳에서 하와이 스타일의 새우 요리를 맛본 뒤 돌아오는 길, 돌 플랜테이션의 파인애플 아이스크림을 놓치지 말 것.
5DAY	**무수비 카페 이야스메 → 레오나즈 베이커리 → 귀국** 하와이 사람들의 소울 푸드라고도 할 수 있는 스팸 무수비로 간단하게 아침을 해결 한 뒤 레오나즈 베이커리에서 하와이의 대표 간식인 말라사다 도너츠 시식 후 공항으로!

가족 여행을 위한 5일 코스

아이나 노인을 동반한 경우에도 부담 없이 둘러볼 수 있는 일정이다.

일수	상세 일정
1DAY	**카메하메하 대왕 동상 → 이올라니 궁전 → 와이키키** 하와이에 도착 후 바로 다운타운으로 향할 것. 그곳에서 다양한 하와이의 역사를 체험해 보자.
2DAY	**돌 플랜테이션 → 할레이바 → 마츠모토 그로서리 스토어 → 라니아 케아 비치** 돌 플랜테이션에서는 미로게임이나 기차여행을, 라니아 케아 비치에서는 바다 위로 상륙한 거북이와 기념 촬영을!
3DAY	**하나우마 베이 → 라나이 룩아웃 → 할로나 블로우 홀 → 시 라이프 파크** 오아후 동부 해안의 절경을 감상한 뒤 라이프 파크에서 돌핀 라군 쇼와 시 라이온 쇼도 놓치지 말자.
4DAY	**쿠알로아 목장 → 폴리네시안 문화 센터 혹은 진주만** 쿠알로아 목장은 여러 영화의 배경이 되었다. 폴리네시안 문화 센터에서 섬 문화를 경험해도 좋고 진주만에서 하와이의 아픈 역사를 마주해 보는 것도 의미있을 듯.
5DAY	**다이아몬드 헤드 일출 감상 후 귀국** 와이키키에서 멀지 않은 다이아몬드 헤드에서 아름다운 하와이의 일출을 감상한 뒤 한국행 비행기에 몸을 싣는다.

커플 여행을 위한 여행 5일 코스

아름다운 야경과 분위기 있는 레스토랑, 연인이 함께 하기 좋은 액티비티까지
총망라한 일정이다.

일수	상세 일정
1DAY	**모쿠 키친 → 스카이 와이키키** 모쿠 키친이 있는 솔트 앳 아워 주변에는 다양한 벽화들이 즐비하다. 모쿠 키친에서 점심식사를 한 뒤 근처에서 사진 촬영도 즐겨보자. 스카이 와이키키에서 와이키키 야경과 함께 칵테일을!
2DAY	**마노아 폭포 트레일 → 리조트 내 수영장 혹은 와이키키 비치 → 탄탈루스** 트레킹 마니아라면 마노아 폭포 트레일을 빼놓을 수 없다. 이곳에서 진짜 하와이의 대 자연을 감상해보자. 해질 무렵에는 탄탈루스 언덕에서 야경을 하와이의 멋진 야경을 카메라에 담자.
3DAY	**하나우마 베이 → 라나이 룩아웃 → 할로나 블로우 홀 → 라니카이 비치** 하와이의 동부 해안은 주요 드라이브 코스다. 도로 위를 달리면서 파노라마 오션 뷰를 감상할 수 있다. 하와이에서 가장 아름다운 비치 중 하나인 라니카이 비치에서 바다 수영에 도전하자.
4DAY	**알라모아나 센터 → 선셋 크루즈 또는 카터마란** 알라모아나 센터에서 식사와 쇼핑을 겸한 뒤 저녁에는 선셋 크루즈 혹은 카터마란으로 바다위에서 하와이 마지막 밤의 대미를 장식하자.
5DAY	**카피올라니 파크 → 호텔 조식 → 귀국** 와이키키 근처에는 규모를 짐작할 수 없는 공원이 있다. 카피 올라니 파크를 산책으로 하와이 일정을 정리한다.

지역별 여행 정보

ATTRACTION
오아후의 볼거리

와이키키

와이키키 비치 Waikiki Beach

와이키키에는 해변가를 중심으로 호텔과 레스토랑, 쇼핑몰이 모여 있다. 힐튼 하와이안 빌리지부터 카피올라니 공원까지 3㎞가량 이어진 10개의 해변을 통틀어 '와이키키 비치'라고 부른다. 해변에는 각종 렌탈 숍도 많아 서핑, 부기보딩 등의 해양 스포츠를 언제든지 즐길 수 있다.

그중에서도 힐튼 하와이안 빌리지 앞의 해변은 카하나모쿠 비치 Kahanamoku Beach로 불리는데, 파도가 잔잔해 아이들과 함께 물놀이하기 좋고, 매주 금요일 오후 7~8시(계절에 따라 조금씩 시간이 바뀜) 불꽃놀이가 진행되어 인기가 많다. 로얄 하와이안 호텔에서 모아나 서프라이더 호텔 앞까지 펼쳐진 해변은 센트럴 와이키키 비치 Central Waikiki Beach로 사람들이 가장 많이 붐비는 곳이다. 파도를 따라 서핑이나 보디 보딩을 즐기는 사람들이 많은 것이 특징. 애스톤 와이키키 비치 호텔에서 파크 쇼어 호텔 앞까지의 해변 거리는 쿠히오 비치 파크 Kuhio Beach Park로 방파제가 파도를 인공적으로 막아 아이들이 놀기 적당하다. 이곳에서는 '쿠히오 토치 & 훌라 쇼'가 무료로 열린다. 매주 화·목·토요일 오후 18:30~19:30에 열리며, 겨울 시즌인 11~1월에는 18:00~19:00에 열린다. 쿠히오 비치 파크 시작점 부근에는 프린스 쿠히오 동상이 세워져 있어 찾기 쉽다.

지도 P.104-C3 주소 Kalakaua Ave. Honolulu 운영 05:00~다음날 02:00 주차 불가 가는 방법 Kalakaua Ave.에서 호놀룰루 동물원 Honolulu Zoo 방향으로 직진. 하얏트 리젠시 건너편에 있는 와이키키 파출소를 마주보고 왼쪽으로 걷다 보면 해변으로 진입할 수 있다.

듀크 카하나모쿠 동상
Duke Kahanamoku Statue

와이키키 비치 근처에는 1890년 태어나 두 번의 올림픽에서 자유형 금메달을 획득해 하와이의 영웅이 된 듀크 카하나모쿠의 동상이 있다. 할리우드 영화에도 출연하면서 전 세계에 하와이와 서핑을 알린 하와이의 위대한 영웅을 기리는 동상 뒤로는 서핑 보드가 있고, 양손에는 하와이안 꽃 목걸이인 레이가 걸려 있다. 매년 8월에는 듀크를 기념하기 위한 Duke's Oceanfest가 열린다.

지도 P.104-C3 주소 2425 Kalakaua Ave. Honolulu(주소 불분명, 근처 와이키키 경찰서 주소) 주차 불가 가는 방법 Kalakaua Ave.에서 호놀룰루 동물원 Honolulu Zoo 방향으로 직진. 와이키키 경찰서 옆 쿠히오 비치 Kuhio Beach 내 위치.

호놀룰루 동물원 **Honolulu Zoo**

하와이 주의 새인 네네 Nene와 현재 멸종 위기에 처해 있는 아파파네 등 진기한 새들을 볼 수 있고 아프리카 사파리에는 코끼리와 사자, 땅 거북이, 얼룩말도 있다. 작은 동물들은 직접 만져볼 수 있어 아이들 교육용으로도 좋다. 총 900여 종에 이르는 다양한 동물이 있다. 동물원 안에는 가든도 있어 하와이에 서식하는 꽃과 식물들을 학습하기에 좋으며, 미리 예약하면 생일 파티 등을 열 수도 있다. 뿐만 아니라 어린이들을 위한 캠프(데이 투어 일정이며, 영어로 의사소통이 가능해야 함)도 진행한다.

지도 P.101-E3 주소 151 Kapahulu Ave. Honolulu 전화 808-971-7171 홈페이지 www.honoluluzoo.org 운영 09:00~16:30 요금 성인 $19, 3~12세 $11 주차 유료(1시간 $1.50) 가는 방법 Kalakaua Ave.에서 직진. Kapahulu Ave.를 끼고 좌회전. 오른쪽에 위치. Park Shore Waikiki 건너편.

다이아몬드 헤드 Diamond Head

10만 년 전 화산 폭발로 생겨난 곳. 1825년 이 섬을 발견한 쿡 선장이 멀리 분화구 정상에서 반짝거리는 암석을 보고 다이아 몬드로 착각해 다이아몬드 헤드라는 이름이 지어졌다는 에피 소드를 가지고 있다. 용암 동굴과 오래 전 전쟁 때 요새로 사용한 벙커 등을 지나 정상에 오르면 와이 키키의 바다와 거리가 내려다보이는 360도 파노라마 뷰를 감상할 수 있다. 차로 등산로 입구 부분까 지 갈 수 있으며, 해발 232m 높이로 가파른 코스는 아니지만 슬리퍼보다 운동화를 챙기는 것이 좋 다. 용암 동굴과 계단을 통과해 정상에 도달하며, 1시간 30분~2시간가량 소요된다.

지도 P.099-E4 주소 4200 Diamond Head Rd. Honolulu 전화 808-587-0300 홈페이지 www.hawaii stateparks.org 운영 06:00~18:00(마지막 입장 16:30, 시즌에 따라 변경될 수 있음) 요금 성인 각 $1(유료 주차 시 무료) 주차 유료($5) 가는 방법 Kalakaua Ave.에서 직진하다 Monsarrat Ave. 방향으로 약간 좌회 전 해 다시 직진. Diamond Head로 진입해 직진. 오른쪽에 위치.

카피올라니 공원 Kapiolani Park

하와이에서 가장 먼저 만들어진 공원. 칼라카우아 대왕이 아내의 이름을 따 카피올라니 공원이라 정했다. 주말이면 가족 단위로 피 크닉을 즐기는 사람이 많고 파머스 마켓이나 소소한 공연 등이 열 린다. 매주 일요일 14:00~15:00에는 카피올라니 밴드 스탠드에서 로얄 하와이안 밴드의 무료 라이브 공연이 열리기도 하고, 셋째 주 주말(우기 시즌에는 제외)마다 지역 예술가들의 핸드 메이드 제품 을 판매하는 아트 페스트도 볼 만하다.

지도 P.099-E3 주소 2805 Monsarrat Ave. Honolulu 전화 808-768-4626 운영 05:00~24:00 요금 무료 주차 호놀룰루 동물원에 유료(1시간 $1) 가는 방법 Kalakaua Ave. 에서 직진, 호놀룰루 동물원 Honolulu Zoo을 지나 와이키키 비치를 마주보고 왼쪽에 위치.

한스 히드만 서프 스쿨
Hans Hedemann Surf School

한스 히드만은 하와이에서 태어난 서핑 선수로, 하와이뿐 아니라 호주, 남아프리카 등지에서 유명세를 떨치다가 1995년 서프 스쿨을 론칭했다. 수영에 능숙하지 않아도 2시간 동안 충분히 서핑을 배울 수 있으며, 그룹 레슨과 세미 프라이빗 레슨, 프라이빗 레슨으로 나뉘어져 있다. 서핑 이외에도 바디 보드, 스탠드 업 패들, 카누

와 피싱 투어 등이 있다. 현재 와이키키 앞뿐만 아니라 노스 쇼어에서도 운영 중이다.

지도 P.105-F3 주소 150 Kapa hulu Ave. 전화 808-924-7778 홈페이지 http://hhsurf.com 운영 레슨 09:00, 12:00, 15:00 요금 그룹 레슨(2시간) $85, 프라이빗 레슨(2시간) $165 주차 불가 가는 방법 Kalakaua Ave. 끝, 쿠히오 비치 파크 Kuhio Beach Park를 지나 스타벅스 끼고 좌회전. 파크 쇼어 호텔 Park Shore Hotel 1층에 위치.

카타마란 Catamaran

카타마란이란 2개의 선체를 가진 배다. 와이키키 비치에서 요트가 출발, 바다 한 가운데에서 신나는 음악을 감상하며 특별한 시간을 보낼 수 있는 액티비티다. 탑승 시간은 75~90분가량 되며 마이타이 칵테일과 맥주, 샴페인과 와인, 주스 등을 판매한다. 특히 17:00에 출발하는 카타마란은 배 위에서 태평양의 일몰을 감상하는 것은 물론이고 알코올 포함 음료가 무료로 제공된다. 매주 금요일 선셋 프로그램은 불꽃놀이도 함께 감상할 수 있어 일찍 매진된다. 홈페이지에서 예약 및 결제할 경우 할인된다.

지도 P.103-F4 주소 2199 Kalia Rd. Honolulu (Halekulani), 2255 Kalakaua Ave Honolulu (Sheraton Waikiki) 전화 808-922-5665 홈페이지 www.maitaicatamaran.com 운영 11:30~17:00(선셋) 요금 $39~49(탑승 요금) 주차 불가 가는 방법 할레쿨라니 호텔 Halekulani Hotel, 쉐라톤 와이키키 Sheraton Waikiki 앞의 와이키키 비치에서 카타마란 탑승.

퍼시픽 스카이다이빙 센터
Pacific Skydiving Center

멋진 하와이의 절경을 하늘에서도 즐길 수 있다. 랜드 투어와는 또 다른 재미와 설레임을 갖게 하는 스카이다이빙은 할레이바 지역에 위치해 있지만, 와이키키에서 퍼시픽 스카이다이빙 센터가 준비한 셔틀버스를 타고 이동할 수 있다. 와이키키에서 05:30~06:00, 09:45~10:15에 두 차례 픽업하며 스카이다이빙을 예약한 사람들은 무료로 이용할 수 있다. 탑승 시 여권이 필요하며, 기상악화로 비행이 취소될 경우에는 환불이 가능하다.

지도 P.096-B2 주소 68-760 Farrington Hwy. Waialua 전화 808-637-7472 홈페이지 www.pacificskydivinghonolulu.com 운영 07:00~14:30 요금 $159~299 주차 무료 가는 방법 버스를 타고 가기엔 무리다. 퍼시픽 스카이다이빙 센터에서 운영하는 무료 픽업 셔틀버스를 이용하자(단, 24시간 전에 취소하거나 1시간 전 예약 확인 전화를 하지 않거나, 약속 장소에 나타나지 않는 경우 $40가 부과된다).

© Pacific Skydiving

호놀룰루 소링(무동력 글라이더)
Honolulu Soaring

글라이더는 오아후의 지상 위를 누비는 가장 와일드한 액티비티다. 그 가운데에서 가장 유명한 업체로, 1970년부터 시작해 역사가 깊다. 특히 이 액티비티가 MBC 예능 프로그램 〈무한도전〉에 등장한 이후로 부쩍 찾는 이들이 많아졌다. 동력 없이 하늘 위를 나는 아찔함을 느끼기 위해 필요한 것은 용기뿐인 듯. 에어로바틱이 가장 인기가 좋으며, 와이키키에서 업체 셔틀버스를 이용하면 $45가 추가된다.

지도 P.096-B2 주소 69-132 Farrington Hwy. Waialua 전화 808-637-0207 홈페이지 www.honolulusoaring.com 운영 10:00~17:30 요금 시간에 따라, 기종에 따라 가격이 천차만별. 대략 $85~315(1인 기준) 주차 무료 가는 방법 이곳까지 가는 버스 노선이 없다. 업체의 픽업 셔틀버스를 이용하거나 렌터카로 직접 방문해야 한다.

Tip 한국인 직원이 있는 액티비티 업체
다운타운의 크루즈 프로그램이나 폴리네시안 문화센터, 쿠알로아 목장 등의 액티비티는 와이키키에서 픽업차량을 통해 이동할 수 있기 때문에 대부분 와이키키에서 예약할 수 있습니다. 와이키키 게이트웨이 호텔에는 한국인이 상주하는 알로하 트래블 사무실이 있습니다.
문의 808-922-8886, alohawaiitour.com

알라 모아나

알라 모아나 비치 파크 Ala Moana Beach Park

평일과 주말 관계없이 여행자보다 현지인들에게 더 많이 사랑 받는 곳. 주말이면 곳곳에 고기 굽는 냄새가 진동하고, 아이들의 웃음소리가 끊이지 않는다. 진정한 하와이안 스타일의 휴식을 맛보고 싶다면 이곳을 들러볼 것. 웨딩 촬영을 위해 공원을 찾는 커플도 자주 볼 수 있다. 알라모아나 센터 건너편에 위치해 있어 여행자들도 쉽게 찾아갈 수 있으며, 매주 금요일 밤에는 힐튼 하와이안 빌리지에서 주최하는 불꽃놀이를 감상하기에도 좋고, 바베큐도 즐길 수 있다. 매년 7월 4일 독립기념일과 12월 31일 자정, 혹은 1월 1일에는 대규모 불꽃 쇼가 화려하게 펼쳐진다.

지도 P.106-C4 주소 1201 Ala Moana Blvd. Honolulu 전화 808-768-4611 운영 04:00~22:00 주차 무료 가는 방법 Kalakaua Ave.에서 알라모아나 센터 방향의 Ala Moana Blvd.로 진입. 약 18분가량 도보 후, 왼쪽에 위치.

다운타운

이올라니 궁전 Iolani Palace

하와이 왕국의 역사가 깃든 이곳은 칼라카우아 왕이 세계 문물 박람회에 다녀온 뒤 서양 건축 문화에 영향을 받아 1882년에 피렌체 고딕풍으로 지은 미국 내 유일한 궁전이다. 내부의 다이닝 룸이나 하와이 최초의 수세식 화장실 등을 보고 있노라면 당시 하와이 왕조가 얼마나 번성했는지 잘 알 수 있으며 비운의 마지막 여왕인 릴리우오칼라니가 퇴위 종용을 받아 감금되어 시간을 보내던 방과 침대도 둘러볼 수 있다. 인터넷으로 미리 티켓을 예매한 후, 당일 별동인 이올라니 발락에서 입장권을 발부받아야 궁전으로 들어갈 수 있으며 플래시를 사용하지 않는 한, 사진 촬영을 할 수 있다. 큰 반얀 트리가 인상적인 정원은 기념촬영을 위해 여행자들과 신혼부부들이 몰리며, 매주 일요일 14:00, 금요일 정오(시간 변동 가능, 홈페이지 event 참고)에는 로얄 하와이안 밴드의 무료 콘서트가 열린다. 또한 매주 토요일 09:30~12:00에는 하와이안 퀼팅 수업이 카나이나 빌딩 Kanaina Building에서 진행된다(첫 수업료 $15, 이후 $6) 궁정 내부 견학은 가이드 투어로만 가능하며 관람객 수가 한정되어 있어 미리 예약해야 한다. 한국어 오디오 가이드를 제공받아 한국어 설명과 함께 투어할 수 있다. 궁전의 이름을 딴 이올라니는 하와이어로 '천국의 새'라는 의미를 가지고 있다.

지도 P.108-B2 주소 364 S King St. Honolulu 전화 808-522-0822 홈페이지 www.iolanipalace.org 운영 월~토 09:00~16:00(일요일 휴무) 주차 이올라니 궁전 앞 유료 주차(1시간 $1) 요금 성인 $20, 5~12세 $6 가는 방법 와이키키에서 13번 버스 탑승, S Hotel+Alakea St에서 하차. 도보 6분.

카메하메하 대왕 동상 King Kamehameha's Statue

카메하메하 왕은 1795년 하와이 섬 전체를 통일한 초대 왕으로, '카메하메하'는 하와이어로 '외로운 사람'이라는 뜻을 가지고 있는데 실제로도 그는 병으로 외롭게 숨을 거두었다고 한다. 하지만 매년 왕의 생일인 6월 11일에는 레이로 장식을 하고 대왕 탄생을 기념하며 킹 스트리트에서 화려한 퍼레이드가 개최된다. 한 가지 재미있는 사실은 이 동상이 실제 대왕의 모습이 아닌, 당시 궁정에서 가장 잘 생긴 사람의 모습이라고.

지도 P.108-B2 주소 417 S King St. Honolulu 전화 808-539-4999 주차 카메하메하 대왕 상 옆 유료(1시간 $1.50) 가는 방법 와이키키에서 13번 버스 탑승, S Beretania St+Punchbowl St.에서 하차. 도보 6분.

비숍 박물관 Bishop Museum

하와이의 문화를 보고 느끼는 것은 물론이고 몸소 체험할 수 있는 세계 최초의 폴리네시안 문화 박물관이다. 1899년 열렬한 수집가였던 찰스 리드 비숍 Charles Reed Bishop의 아내 버니스 파우아히 비숍은 하와이 왕국 최후의 공주이기도 했는데, 죽으면서 남편에게 이 박물관을 지어달라고 부탁했다고 전해진다. 왕가의 화려한 예술품은 물론이고 하와이의 역사 자료, 하와이와 태평양 여러 섬에 관해 전해 내려오는 귀한 전시품부터 평민의 생활상을 엿볼 수 있는 소박한 조각품과 손으로 만든 악기 등 18만 7,000여 점의 자료를 전시하고 있다. 4층짜리 건물로 제

법 규모가 커 예술 애호가들의 사랑을 받는 장소이기도 하다. 화산 분출 과정이나 하늘의 별자리를 통해 타 지역 섬으로 이동한 하와이안들의 기술을 설명하는 프로그램뿐 아니라 훌라와 우쿨렐레 등 직접 체험할 수 있는 액티비티가 많아 여행자들에게 인기가 높다. 아트 마켓 등 홈페이지에 다양한 이벤트가 등록되어 있으니, 관람 전 홈페이지를 방문해봐도 좋을 듯.

지도 P.098-C2 주소 1525 Bernice St. Honolulu 전화 808-847-3511 홈페이지 www.bishopmuseum.org 운영 09:00~17:00(크리스마스 휴무) 요금 성인 $24.95, 4~12세 $16.95, 3세 이하 무료 주차 $5 가는 방법 와이키키에서 2번 버스 탑승, School St+Kapalama St에서 하차. 도보 4분.

Tip

비숍 박물관에는 다양한 액티비티가 많아요. 천문관에서는 옛날 폴리네시아 사람들이 어떻게 별자리를 이용해 태평양을 항해했는지, 전통적인 폴리네시안 내비게이션 방법에 대해 설명을 들을 수 있으며, 별자리 관련 쇼도 볼 수 있어요. 사이언스 어드벤처 센터에서는 체험 전시물을 통해 하와이의 독특한 자연 환경을 느낄 수 있고요. 하와이의 문화를 전반적으로 느끼고 경험할 수 있어 좋아요.

호놀룰루 미술관
Honolulu Museum of Arts

하와이·폴리네시아·유럽·미국·아시아 등 전 세계의 미술품 6만여 점을 전시한 곳으로, 하와이에서 가장 큰 미술관으로 손꼽힌다. 피카소와 미로의 그림, 로댕의 조각 등을 감상할 수 있으며, 폴 고갱의 '타히티 해변의 두 여인'을 소장한 곳으로도 유명하다. 점심 시간만 운영되는 1층 카페는 스파게티와 샌드위치 등이 맛있어 현지인들에게 인기가 좋은 곳으로 손꼽힌다. 1~10월의 마지막 주 금요일 18:00~21:00에는 젊은 예술가들의 참여로 '아트 애프터 다크 Art After Dark' 라는 파티가, 매주 셋째 주 일요일에는 패밀리 이벤트가 열린다.

지도 P.109-D1 주소 900 S Beretania St. Honolulu 전화 808-532-8700 홈페이지 www.honoluluacademy.org 운영 화~일 10:00~16:30(월요일 휴무) 요금 성인 $20, 17세 미만 무료(매월 첫째 수요일과 셋째 일요일 입장 무료) 주차 5시간 $5, 이후 30분마다 $2씩 추가 가는 방법 와이키키에서 2번 버스 탑승. S Beretania St+Ward Ave에서 하차. 도보로 1분.

선셋 크루즈 Sunset Cruise

해가 질 무렵 항구를 떠나 태평양 바다 위에서 석양을 바라보며 저녁식사를 즐기는 크루즈 탑승은 오아후에서 가장 로맨틱한 액티비티다. 여러 회사 중 스타 오브 호놀룰루 Star Of Honolulu의 프로그램이 가장 역사가 깊고 만족도가 높다. 칵테일과 저녁 식사가 가격에 포함되어 있으며 라이브 밴드의 공연과 다이내믹한 선상 쇼를 즐길 수 있다. 덤으로 하와이의 일몰을 감상하며 로맨틱한 순간을 만끽할 수 있는데, 식사 내용에 따라 스테이크와 게 요리가 제공되는 1star, 스테이크와 랍스터가 제공되는 3star, 최고급 버전으로 총 7코스의 프렌치 다이닝이 준비되는 5star로 등급이 나뉘어져 있다. 1star와 3star에는 화려한 훌라 쇼가, 5star는 클래식 라이브 공연이 볼거리로 제공된다. 매주 금요일에는 선상에서 불꽃놀이를 감상할 수 있어 $10이 추가된다.

지도 P.108-B3 주소 1 Aloha Tower Dr. Honolulu 전화 808-983-7827 홈페이지 www.starofhonolulu.com 운항 토~목 17:30~18:30, 금 17:30~20:30 가격 디너 크루즈 $97~201(와이키키에서 이동차량 제공 시 $15 추가) 주차 알로하 타워 건너편 무료(티켓팅 시 주차티켓 확인) 가는 방법 와이키키에서 2번 버스 탑승. S Hotel+Bishop St에서 하차. 도보 7분. 알로하 타워 마켓플레이스 1층에 위치.

> **Tip**
>
> 크루즈는 스타 오브 호놀룰루 이외에도 가격이 보다 저렴한 나바텍 디너 크루즈 Navatek Dinner Cruise와 알리카이 카타마란 디너 크루즈 Alii kai Catamaran Dinner Cruise 등이 있어요. 홈페이지를 통해 예약할 수 있으니 관심이 있다면 클릭!
> - 나바텍 디너 크루즈 홈페이지 www.atlantisadventures.com/navatek-cruises
> - 알리카이 카타마란 디너 크루즈 홈페이지 www.robertshawaii.com

알로하 타워 마켓플레이스 Aloha Tower Marketplace

1926년에 지어져 호놀룰루의 상징이었던 이곳은 오래 전 하와이를 방문하는 이들이 증기선을 타고 왔을 때 가장 먼저 만나는 건물이었다. 호놀룰루 국제공항이 건설된 이후부터는 쇠퇴하는 듯 보였지만 1994년, 근처에 알로하 타워 마켓 플레이스가 문을 열면서 다시 활기를 되찾았다. 아직도 하와이에서 출발해 알래스카로 항해하는 크루즈나 각종 디너 크루즈, 혹등고래 관찰 투어 크루즈가 오가는 관문이 되고 있다. 시계탑 내 엘리베이터를 타고 10층 전망대에 오르면 360도로 시원하게 펼쳐지는 호놀룰루 시내 전경을 감상할 수 있다.

지도 P.108-A3 주소 1 Aloha Tower Dr. Honolulu 전화 808-544-1453 운영 월~금 08:00~17:00(전망대, 숍마다 운영시간 다름) 요금 무료 주차 알로하 타워 건너편 유료(1시간 $1.50, 최대 3시간까지, 이후 30분당 $3, 16:00 이후 $5) 가는 방법 와이키키에서 2번 버스 탑승. S Hotel+Bishop St.에서 하차. 도보 7분.

> **Tip**
>
> 1 렌터카를 이용해 알로하 타워 마켓플레이스를 방문할 때, 건너편 주차장 초입에서 주차권을 받은 뒤 알로하 타워 마켓플레이스 내 레스토랑을 이용하거나 선물가게에서 물건을 구입한 뒤 주차 확인을 요청하세요. 매장에 따라 할인티켓을 받을 수 있답니다.
>
> 2 매장에서 주차 확인을 요청해야 할 때는 "Could I get a parking validation?"이라고 물어보면 됩니다.

차이나타운 Chinatown

오아후의 다운타운 지역에 위치한 차이나타운에서는 새벽부터 재래시장이 곳곳에 운영되고 있는데 여행자들에게는 하와이에서 생산한 망고와 파인애플 등 열대과일을 저렴하게 구입할 수 있어 좋다. 또 차이나타운 컬처 플라자 센터 Chinatown Culture Plaza Center에 위치한 레전드 시푸드 레스토랑 Legend Seafood Restaurant 역시 저렴하게 중국의 딤섬을 맛볼 수 있는 곳이라 현지인과 관광객으로 항상 붐빈다. 차이나타운 내 역사적으로 유명한 곳을 꼽자면 90년 이상 운영되고 있으며 지금도 다양한 공연이 펼쳐지는 하와이 시어터 Hawaii Theater를 꼽을 수 있다. 차이나타운은 시장이 문을 닫을 시간인 16:00~17:00에 한산해지고, 밤이 되면 차이나타운 내 클럽과 공연장을 오가는 사람들로 다시 활기를 띈다. 하지만 다소 위험할 수 있으니 늦은 시간은 피하자.

지도 P.108-A1 주소 100 N Beretania St. Honolulu(차이나타운 컬처 플라자 센터) 전화 808-521-4934 홈페이지 www.chinatownculturalplaza.com 영업 매장마다 조금씩 다르며 대략 05:00~17:00 사이 주차 차이나타운 내 유료 주차(주차장마다 약간씩 다르며 대략 1시간 $3) 가는 방법 와이키키에서 2번 버스 탑승. N Hotel St+Smith St에서 하차. 도보 4분. 차이나타운 컬처 플라자 센터 Chinatown Culture Plaza Center가 나온다. 이 지역 일대를 모두 통틀어 차이나타운이라고 일컫는다.

카할라~카이무키

돌핀 퀘스트 Dolphin Quest

카할라 리조트에서 운영하는 액티비티로, 이곳에 숙박하지 않아도 액티비티는 신청할 수 있다. 리조트에서 관리하는 6마리의 돌고래들과 함께 수영하고, 먹이를 주며 색다른 체험을 할 수 있어 아이들에게 인기가 많다. 다만 5~11세 어린이들은 성인과 함께 체험해야만 하는 조건이 있다. 참가 비용의 일부는 해양 보호단체에 기부된다.

지도 P.097-E4 주소 5000 Kahala Ave. honolulu 전화 808-739-8918 홈페이지 dolphinquest.com 영업 08:00~21:00 가격 $189~3250 주차 무료(발렛 파킹 시 약간의 팁 필요) 예약 필요 가는 방법 와이키키에서 22번 버스를 탑승 후 Pueo St+Kilauea Ave.에서 하차, 도보 4분.

> **Tip**
>
> 카할라 리조트 근처에는 단골 스냅 촬영 장소인 와이알라에 비치 파크 Waialae Beach Park가 있어요. 무료 주차장과 공공 화장실이 있어 편리하고, 카할라 비치를 끼고 있어 여행 중 잠시 휴식을 취하기도 좋아요. 인생샷을 남기고 싶다면 바로 이곳에서 삼각대를 놓고 셀프 스냅에도 도전해보세요!
>
> 지도 P.097-E4 주소 4925 kahala Ave, Honolulu 운영 05:00~22:00

마노아~마키키

탄탈루스 언덕 Tantalus

다이아몬드 헤드와 와이키키의 고층 빌딩들을 한 눈에 볼 수 있는 곳. 도시의 화려한 야경에 비한다면 다소 소박한 느낌이 들 수 있지만, '연인들의 언덕'에는 데이트 중인 커플들이 항시 줄을 잇는다. 다만 20:00가 넘으면 우범지대로 변하기 때문에 만일을 대비해 차 안에서 야경을 감상하거나, 늦은 시간은 되도록 피하는 것이 좋다. 꼭 야경이 아니더라도 일몰을 감상하기에도 좋다. 분위기를 내려고 차 안에서 음주를 하면 순찰하는 경찰에게 벌금을 물 수 있으니 유의할 것.

지도 P.099-E2 **주소** 2760 Round Top Dr. Honolulu **전화** 808-464-0840 **주차** 언덕 쪽에 무료 주차 **가는 방법** 와이키키의 Ena Rd.에서 Ala Moana Blvd. 방면으로 진입해 직진 후 Kalakua Ave.를 끼고 좌회전 후 다시 S King St.를 끼고 우회전해 진입. 그 뒤 Punahou St., Nehoa St., Makiki St.를 거쳐 Round Top Dr.로 진입(대중교통편이 없음).

마노아 폭포 트레일 Manoa Falls Trail

열대우림과 대나무가 가득한 숲속을 거닐 수 있어 현지인들에게 사랑받는 등산 코스. 마노아 폭포 트레일 입구에서 시작해 표지판을 따라 올라가다보면 등산로 끝에 아름다운 마노아 폭포를 볼 수 있다. 폭포를 중심으로 오르내리는 산행길로, 아주 쉬운 길이어서 가볍게 산책할 수 있는 정도다. 거리는 왕복 2.575km 구간이고, 시간은 대략 1시간 30분~2시간 정도 걸린다. 모기 등에 물릴 수 있으므로 벌레 퇴치약과 긴팔 옷, 운동화 준비는 필수다.

지도 P.099-F2 **주소** 3737 Manoa Rd. Honolulu **운영** 06:00~18:00 **주차** 유료 주차(1회 $5) **가는 방법** 와이키키에서 2번 버스 탑승. Kalakaua Ave+S King St에서 하차. 근처 Punahou St+S King St 정류장에서 5번 버스 탑승 후 Manoa Rd+Opp Kumuone St에서 하차. 도보 25분.

하와이 카이

라나이 룩아웃 Lanai Lookout

하와이의 해안 도로를 지나면서 가장 이색적인 풍경을 감상할 수 있는 곳이다. 넓게 자리한 바다 절벽에 서서 파노라마 오션 뷰를 감상할 수 있는데, 날씨가 화창하면 이곳에서 라나이 섬까지 볼 수 있다고 하여 라나이 룩아웃이라고 이름 지어졌다.

지도 P.097-F4 ▶ 주소 7949 Kalanianaole Hwy. Honolulu 주차 무료 가는 방법 와이키키에서 22번 버스 탑승. Kalaniaole Hwy+Hanauma Bay Rd에서 하차. 도보 15분.

코코 헤드 리조널 파크 & 트레일 Koko Head Regional Park & Trail

산과 바다가 어우러져 환상적인 뷰를 자랑하는 곳. 이곳의 특이한 점은 등산 코스가 철로로 되어 있다는 것이다. 이 철로는 2차 세계대전 때 섬을 방어하기 위해 산 정상에 초소를 만들고 보급품 운반을 위해 만든 것이다. 철로를 받치고 있는 나무 계단은 1,048개로, 급경사 코스도 있어 다소 난이도가 높지만 정상에 서면 멋진 하나우마 베이를 볼 수 있다. 총 소요시간은 1시간 30분 정도. 낮에 오른다면 자외선 차단제와 물, 운동화는 필수며, 11:00~15:00 사이는 피하자.

지도 P.097-F4 ▶ 주소 7430 Kalanianaole Hwy. Honolulu 전화 808-395-3096 운영 일출 시~일몰 전 주차 무료 가는 방법 와이키키에서 22번 버스 탑승. Kalaniaole Hwy+Hanauma Bay Rd 하차. 도보 8분.

하와이 카이

할로나 블로우 홀 Halona Blowhole

72번 해안 도로를 따라 달리다보면 차가 여러 대 주차되어 있고 사람들이 바다를 향해 지켜보고 있는 광경을 만나게 된다. 돌에 생긴 구멍 사이로 바닷물이 솟구치며 물기둥을 뿜어내는데, 마치 빨려 들어갈 것처럼 소리가 우렁차다. 보고 있으면 청량감을 주는 시원한 풍경이다.

지도 P.097-F4 주소 8483 Kalaniaole Hwy. Honolulu 주차 무료 가는 방법 와이키키에서 22번 버스 탑승. Kalanianaole Hwy+Sandy Beach에서 하차. 버스 진행 반대 방향으로 도보로 9분.

마카푸우 등대 트레일 Makapuu Lighthouse Trail

지금은 운영하고 있지 않지만 빨간 등대가 상징적으로 세워져 있는 이곳은 왕복 2시간 정도 되는 산책 코스다. 전체적으로 난코스는 아니지만 물과 자외선 차단제는 준비해두는 것이 좋다. 전망대에 도착하면 마나나 섬 Manana Island, 카오히카이푸 섬 Kaohikaipu Island의 전경과 불의 여신 펠레의 의자 Pele's Chair도 볼 수 있다.

지도 P.097-F4 주소 8751 Kalaniaole Hwy. Honolulu(Kaiwi State Scenic Shoreline 주소. 이곳에서 Makapuu Point Lighthouse Trail 방향으로 진입) 운영 07:00~19:00(마카푸우 등대 트레일이 가능한 시간)

주차 무료 가는 방법 와이키키에서 22번 버스 탑승. Sea Life Park에서 하차. 도보 10분.

시 라이프 파크 Sea Life Park

포인트 근처에 있는 해양 파크. 바다표범, 펭
귄, 돌고래 등을 만날 수 있다. 이곳의 트레이
드마크는 돌고래 쇼. 바닷가에 있는 돌핀 코브
Dolphin Cove에서는 동화와 같은 돌고래 쇼가 펼
쳐진다. 운이 좋으면 돌고래와 고래 사이에서
태어난 홀핀Wholphin을 만날 수 있다. 고래 체험
액티비티가 가장 인기가 높다. 그 외 루아우 쇼
등 홈페이지를 참고하자.

지도 P.097-F4 주소 41-202 Kalanianaole
Hwy. Waimanalo 전화 808-259-2500 홈페이
지 www.sealifeparkhawaii.com 운영 파크 전
체 09:30~16:00, 돌핀 스윔 어드벤처(45분) 1~5

월·9~12월 09:30, 11:00, 13:45, 6~8월 09:30,
11:00, 13:45, 15:15 요금 성인 $39.99, 3~12세
$24.99, 돌핀 스윔 어드벤처 $199.99(입장료 포함)
주차 유료 주차(1회 $5) 가는 방법 와이키키에서 22
번 버스 탑승. Sea Life Park에서 하차.

샌디 비치 Sandy Beach

주말에는 현지인과 여행자들로 붐비는 곳. 파도가 거칠어 수영은 힘들지만, 대신 서핑과 바디 보드를
즐기는 사람들에게는 천국이다. 하지만 이곳이 유명한 이유는 따로 있다. 버락 오바마 전 미국 대통
령이 중고등학생 시절에 서핑을 즐기던 곳으로, 대통령 당선 후에도 이곳을 찾아 수영을 즐겼던 것.
관련 동영상을 유튜브에서도 볼 수 있을 정도며, 현지인들 사이에서는 '오바마 비치'라고도 불린다.

지도 P.097-F4 주소 8801 Kalanianaole Hwy. Honolulu 전화 808-373-8013 운영 특별히 명시되진
않았지만 이른 오전과 늦은 저녁은 피하는 것이 좋다. 주차 무료 가는 방법 와이키키에서 22번 버스 탑승.
Kalanianaole Hwy+Sandy Beach에서 하차.

하나우마 베이 Hanauma Bay

오아후에서 스노클링으로 가장 유명한 지역. 화산활동으로 생긴 해안가로 영화 〈블루 하와이〉의 촬영 장소이기도 하다. 마음 좋고, 늘 웃는 하와이 사람들이지만 하나우마 베이를 지키는 일에는 꽤 깐깐한 편이다. 무료로 이용할 수 있는 퍼블릭 비치와는 달리, 입장료를 내야 하고 입장 시 나눠주는 티켓에 적힌 시간에 맞춰 15분가량 동영상(한국어 지원)을 시청해야만 비로소 하나우마 베이에 입성할 수 있다. 그 이유는 하나우마 베이가 해양생물 보호구역으로 지정되어 있기 때문. 쓰레기를 버리거나 물고기에게 먹이를 주는 일이 금지되어 있으며 수영할 때는 오일이나 선크림을 닦아낸 뒤 물에 들어가야 하는 등 지켜야 할 사항이 많다. 또한 자연보호를 위해 산호를 건드리지 않도록 주의하는 것은 물론이고, 하나우마 베이에서 상업적으로 음료나 먹거리를 파는 것을 금지하고 있다. 허기가 진다면 입장권 판매소 옆의 간이 스낵 코너를 이용하거나 도시락을 준비해가면 좋다. 하나우마 베이에서 라이프 벨트와 기타 스노클링 장비를 유료로 대여해주니 수영에 자신이 없다면 이곳을 이용하는 것도 좋다. 스노클링 장비 대여료는 인당 $12~40. 대여 시 신용카드나 자동차 열쇠를 맡겨야 한다.

지도 P.097-F4 ▶ **주소** 100 Hanauma Bay Rd. Honolulu **전화** 808-396-4229 **홈페이지** www.hanauma-bay-hawaii.com **운영** 4~9월: 수~월 06:00~19:00, 10~3월: 수~월 06:00~18:00(화요일 휴무) **요금** $7.5 **주차** $1 **가는 방법** 와이키키 22번 탑승. Kalaniaole Hwy+Hanauma Bay Rd에서 하차.

> **Tip**
>
> 렌터카를 이용해 하나우마 베이에 간다면 도난 사고에 유의하세요. 차 안에 내비게이션은 꼭 뽑아서 숨겨놓고, 기타 귀중품은 항상 지니고 있는 것이 좋아요. 하나우마 베이 내 유료 라커룸이 있답니다.

카일루아~카네오헤

뵤도 인 사원 Byodo In Temple

하와이에 사는 일본인들이 하와이 이주 100주년을 기념해 교토현 우지시의 뵤도 인 사원을 축소해서 만든 곳이다. 일본의 10엔 동전에도 등장하는 뵤도 인 사원에 가기 위해선 사원들의 계곡 Valley of the Temples Memorial Park이라고 불리는 추모공원 안으로 진입해야 한다. 사원 내 청동으로 만든 3톤짜리 종은 일본의 3대 종 가운데 하나를 재현한 것으로, 직접 치면 오래 산다고 하여 관광객들이 줄을 지어 서 있는 모습을 볼 수 있다. 전체적으로 사원을 둘러보는 데 30분가량 소요되는데 마음까지 평온해진다. 드라마 〈로스트〉의 촬영지이기도 하다.

지도 P.097-D3 주소 47-200 Kahekili Hwy. Kaneohe 전화 808-239-9844 홈페이지 www.byodo-in.com 운영 09:00~17:00 요금 성인 $3, 어린이 $2 주차 무료 가는 방법 알라모아나 센터에서 19번 탑승. Alakea St+S king St.에서 하차. 하차한 곳에서 다시 65번 탑승 후 Hui IWA St+Hui Alaiaha Pl에서 하차. 도보 17분.

누우아누 팔리 전망대 Nuuanu Pali Lookout

이곳은 과거 카메하메하 대왕이 격전을 벌인 전쟁터로 계곡에서 불어오는 강풍이 유명한 곳이다. 카일루아 전경을 감상할 수 있으며 워낙 바람이 강해 '바람산' 이라는 별명을 가지고 있다. 마치 바람으로 샤워를 하는 듯한 느낌마저 드는데 오아후 최고의 전망대 중 하나다.

지도 P.097-E3 주소 Nuuanu Pali State Wayside Nuuanu Pali Dr. Honolulu 전화 808-587-0400 운영 09:00~16:00 주차 유료 주차(1회 $3) 가는 방법 알라모아나 센터에서 57번 버스 탑승. Pali Hwy+Opp Kamehameha Hwy에서 하차. 버스 진행 반대 방향으로 약 26분 도보.

카일루아 비치 파크
Kailua Beach Park

곱고 부드러운 하얀 모래와 에메랄드 빛 바다가 아름다운 포물선을 그리는 곳. 전미 베스트 비치로 뽑힐 만큼 유명하다. 바람이 강해서 윈드서핑 하기에 최적의 장소이며, 해변에서 떨어진 곳도 수심이 얕은 데다 파도가 높지 않아 초보자를 위한 레슨도 많다. 해변가의 잔디밭 광장에서는 나무 그늘 아래 바비큐를 굽거나 비치발리볼을 즐기는 현지인들의 모습도 흔히 볼 수 있다.

지도 P.097-E3 **주소** 526 Kawailoa Rd. Kailua **전화** 808-233-7300 **운영** 특별히 명시되진 않았지만 이른 오전과 늦은 저녁은 피하는 것이 좋다. **주차** 무료 **가는 방법** 알라모아나 센터에서 57번 버스 탑승. Wanaao Rd+Kailua Rd.에서 하차. 도보 11분.

라니카이 비치 Lanikai Beach

'천국의 바다' 라는 뜻의 라니카이 비치는 트립어드바이저에서 선정한 전 세계 꼭 가봐야 하는 바닷가 10위 안에 들었을 정도로 아름답다. 하와이 지역 주민들에게는 오바마가 하와이에 올 때마다 레저를 즐기는 해변으로 유명하다. 인근의 조류 보호 지역인 모쿠누이 섬과 모쿠아키 섬도 멀리 보이며, 날씨가 좋으면 이웃섬인 몰로카이도 한 눈에 들어온다. 다만 화장실과 샤워시설, 주차장이 없으니 유의해야 한다.

지도 P.097-E3 **주소** 944 Mokulua Dr. Kailua **전화** 808-261-2727 **운영** 특별히 명시되진 않았지만 이른 오전과 늦은 저녁은 피하는 것이 좋다. **주차** 불가 **가는 방법** 알라모아나 센터에서 57A번 버스 탑승. Kailua Rd+Hamakua Dr.에서 하차. 하차한 곳에서 70번 버스로 환승. Aalapapa Dr+Kaelepulu Dr.에서 하차. 도보 3분.

폴리네시안 문화 센터
Polynesian Cultural Center

하와이를 포함해 사모아, 통가, 타히티, 피지, 마르케사스 등 남태평양 소재 7개의 섬나라 문화를 체험하는 곳. 매일 14:30에 진행되는 각 나라 팀의 카누쇼와 저녁에 식사와 루아우 쇼 관람이 곁들여지는 이벤트가 압권. 프로그램이 워낙 다양해 하루 종일 시간을 보내도 아깝지 않다. 훌라 춤과 우쿨렐레 배우기, 코코넛 빵 만들기, 창 던지기 등을 체험할 수 있다. 최소 10일 전 인터넷에서 티켓 구매 시 10% 할인된다.

지도 P.097-D1 ▶ **주소** 55-370 Kamehameha Hwy. Laie **전화** 808-293-3333 **홈페이지** www.polynesia.co.kr(한국어 지원) **영업** 월~토 11:45~21:00(일요일 휴무) | **입장료** 성인 $89.95~239.95, 12~17세 $71.96~191.96(루아우 쇼·식사 포함) **주차** $8(1일) **가는 방법** 알라모아나 센터에서 60번 버스 탑승, Kamehameha Swy+Opp Polynesian Cultural Center 하차(패키지 티켓 구입 시 와이키키에서 셔틀버스 요청이 가능하다).

쿠알로아 목장 Kualoa Ranch

녹음이 무성한 계곡에 둘러싸인 약 1만 6,500㎢의 대지에서 승마와 사륜바이크 등 10여 가지의 액티비티를 즐길 수 있는 곳이다. 이곳이 유명한 이유는 〈쥬라기 공원〉이나 〈고질라〉, 〈첫 키스만 50번째〉, 〈진주만〉 등 다수의 영화 촬영지였기 때문. 말이나 버스를 타고 이곳을 돌아보며 영화의 장면을 떠올려보는 것도 좋다. 쿠알로아 목장의 프로그램은 승마와 ATV, 영화 촬영지 투어 Movie Sites & Ranch Tour와 정글 탐험 외에도 카타마란과 스노클링, 카약 등 워터 스포츠 프로그램도 다수 있다. 최근 짚라인을 새로 오픈해 인기를 끌고 있다. 짚라인, 승마, ATV 등은 워낙 인기가 높아 한 달 전에는 예약하는 것이 좋다.

지도 P.097-D2 ▶ **주소** 49-560 Kamehameha Hwy. Kaneohe **전화** 808-237-7321 **홈페이지** www.kualoa.com **운영** 07:30~18:00 **요금** 입장료는 없으며, 투어에 따라 가격 차이가 있다. 1시간 승마 투어나 1시간 ATV 투어 $87.95, 영화 촬영지 투어나 정글 엑스페디션 투어 $47.95, 짚라인 $165.95 **주차** 무료 **가는 방법** 알라모아나 센터에서 60번 버스 탑승. Kamehameha Hwy+Opp Kualoa Ranch에서 하차.

노스 쇼어

선셋 비치 파크 Sunset Beach Park

노스 쇼어 지역에서 최고의 서핑 스폿. 높이 5~12m의 큰 파도가 밀려오는 11~3월에는 매년 세계 유명 서핑 대회도 열린다. 여름철 파도는 비교적 잔잔한 편이라 초보자도 안심하고 해수욕을 즐길 수 있다. 이름만큼 아름다운 노을을 볼 수 있지만 치안 상태가 좋지 않으므로 어두워지기 전에 나오자.

지도 P.096-C1 주소 59-144 Kamehameha Hwy. Haleiwa 운영 특별히 명시되진 않았지만 이른 오전과 늦은 저녁은 피하는 것이 좋다. 주차 무료 가는 방법 알라모아나 센터에서 60번 버스 탑승. Kamehameha Hwy+Sunset Beach에서 하차.

와이메아 베이 비치 파크 Waimea Bay Beach Park

노스 쇼어의 다른 해변과 비교했을 때 1년 내내 파도가 높아 수영을 할 땐 조심해야 하지만 서핑을 즐기기에 이보다 더 좋은 곳은 없다. 또 물속이 깨끗해 물안경만으로도 바닷속을 엿보는 스노클링이 가능하다. 하지만 무엇보다 이곳이 유명한 이유는 점프 락 Jump Rock이라 불리는 절벽 때문인데, 10m 가량 절벽 아래로 다이빙 하는 사람들을 바

라보는 것만으로도 아찔한 기분이 든다. 점프와 다이빙을 심하게 하면 죽을 수도 있다는 무시무시한 경고문도 있으니 참고하자.

지도 P.096-C1 주소 61-031 Kamehameha Hwy. Haleiwa 홈페이지 www.northshore.com 운영 특별히 명시되진 않았지만 이른 오전과 늦은 저녁은 피하는 것이 좋다. 주차 무료(공간 협소) 가는 방법 알라모아나 센터에서 60번 버스 탑승. Kamehameha Hwy+Opp Waimea Valley Rd에서 하차.

라니아 케아 비치-터틀 비치
Laniakea Beach-Turtle Beach

거북이가 자주 나타나 '터틀 비치'라고 불리는 이 해변은 수영도 가능해 운이 좋으면 거북이와 함께 바닷가에서 수영하는 묘한 기분을 만끽할 수 있다. 하지만 거북이의 보호를 위해 직접 만 질 수는 없다. 진풍경을 자랑하는 곳이라 도로 변은 늘 주차된 차량으로 가득하다.

지도 P.096-C1 **주소** 61-635 Kamehameha Hwy. Haleiwa **운영** 특별히 명시되진 않았지만 이른 오전과 늦은 저녁은 피하는 것이 좋다. **주차** 불가 **가는 방법** 알라모아나 센터에서 60번 탑승. Kamehameha Hwy+Pohaku Loa Way에서 하차.

돌 플랜테이션 Dole Plantation

노스 쇼어 지역과 가까워 함께 둘러보면 좋은 곳. 파인애플과 바나나 브랜드로 유명한 브랜드인 돌 Dole에서 운영하는 농장이다. 옛날식 기차를 타고 파인애플 농장을 둘러보는 파인애플 익스프레스 Pineapple Express, 파인애플이 자라나는 모습을 보다 더 자세히 관찰할 수 있는 가든 투어 Garden Tour 등의 액티비티를 운영한다. 농장에서 판매되는 다양한 종류의 파인애플 아이스크림은 꼭 맛봐야 하는 디저트 중 하나. 특히 커다란 파인애플 모양 아이스크림 통에 담아서 판매하는 슬리피 컵($8.95)이 인기가 좋다.

지도 P.096-C2 **주소** 64-1550 Kamehameha Hwy. Wahiawa **전화** 808-621-8408 **홈페이지** www.dole-plantation.com **운영** 09:30~17:00 **입장료** 무료(파인애플 익스프레스 성인 $11.50, 4~12세 $9.50, 월드 라지스트 메이즈(미로) 성인 $8, 4~12세 $6 **주차** 무료 **가는 방법** 알라모아나 센터에서 52번 버스 탑승. Kamehameha Hwy+Dole Plantation에서 하차.

+Plus 오아후 대표 올드 타운, 할레이바 Haleiwa

노스 쇼어의 중심가인 할레이바는 서
퍼들이 즐겨 찾는 서핑숍과 레스토랑
이 즐비하면서도 옛 하와이의 분위기
가 그대로 살아 있어 색다른 분위기를
풍긴다. 와이키키와 다른 편안하고 고
요한 마을로 하와이 최후의 여왕인 릴
리우오칼라니가 여름휴가를 보낸 곳으
로도 유명하다.

할레이바가 특별한 이유!

호놀룰루에서 H-2와 99번 도로를 타고 북쪽으로 1시간가량 달리다가 간판을 표지판 삼아 왼쪽으로
꺾어 83번 도로에 진입하면 할레이바의 거리가 나온다. 100여 년 전 이곳에 빅토리아 양식의 할레이

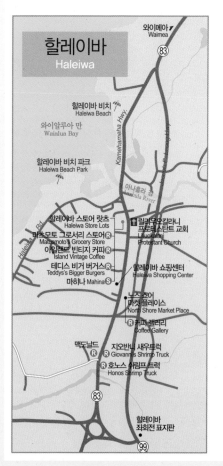

바 호텔이 들어섰는데, 그 호텔 이름 덕
분에 거리 전체를 '할레이바'라고 부르
게 되었다. 현재 그 호텔은 없지만 1984
년 이래 역사적인 장소로 지정되었다.
할레이바는 워낙 마을이 소박하면서도
특유의 올드 타운 매력을 가지고 있어
오아후 여행에서 빼놓을 수 없는 필수
코스이다. 이곳이 유명한 또 다른 이유
는 바로 새우 트럭 때문. 우선 할레이바
의 입구에 들어서면 오래된 맥도날드 건
너편에 유명한 호노스 Honos 쉬림프
트럭을 마주할 수 있다.

어느 정도 배가 든든해졌다면, 할레이바
에 있는 노스 쇼어 마켓 플레이스를 둘
러보자. 이곳에는 스포츠 브랜드인 파타
고니아를 비롯해 서핑용품점과 커피 갤
러리라는 커피 전문점이 유명하다. 일요
일이라면 매주 마켓이 열리는 릴리우오
칼라니 프로테스탄트 교회를 둘러보고,
건너편의 할레이바 스토어 랏츠에 위치
한 유명 셰이브 아이스크림 가게, 마츠
모토 그로서리 스토어도 놓치지 말자.
그 다음 조금 더 도로를 달리다보면 서
퍼들이 사랑하는 할레이바 비치 파크가
펼쳐진다. 바다와 숲에 둘러싸인 북부의
거리에서 여유로운 하루를 즐겨보는 것
은 어떨까.

할레이바 비치 파크 Haleiwa Beach Park

MBC 예능 프로그램 〈무한도전〉 팀이 상어 관광을
위해 배를 탔던 바로 그 장소. 서핑이나 카약킹 등의
강습이 이뤄지기도 한다. 초보자들도 부담없이 가볍
게 즐길 수 있으며, 해변 근처에서 서핑 대여점도 쉽
게 찾아볼 수 있다.

지도 P.054 주소 62-449 Kamehameha Hwy.
Haleiwa 운영 특별히 명시되진 않았지만 이른 오전과 늦
은 저녁은 피하는 것이 좋다. 주차 무료 가는 방법 알라모
아나 센터에서 52번 버스 탑승. Kamehameha Hwy+Opp Haleiwa Beach Park에서 하차.

릴리우오칼라니 프로테스탄트 교회 Liliuokalani Protestant Church

릴리우오칼라니 여왕이 할레이바의 별장
에 묵을 때면 항상 이 교회에서 예배를 드
렸다고 전해진다. 할레이바 거리 중앙에 위
치한 곳으로 1961년 재건됐다. 매주 일요일
13:00~17:00에 마켓이 열린다.

지도 P.054 주소 66-90 Kamehameha
Hwy. Haleiwa 전화 808-637-9364 홈페이
지 liliuokalani protestantchurch.com 운
영 일 13:00~17:00 주차 무료 가는 방법 알라모아나 센터에서 19번 버스 탑승, S beretania St.+Pali
Hwy+Bishop St.에서 하차. 하차한 곳에서 52번 탑승. Kamehameha Hwy+Emerson Rd.에서 하차. 도보
1분.

마히나 Mahina

2006년 마우이의 노스 쇼어 지역인 파이아에서 론칭한 패션 브랜드. 오아후, 카우아이, 빅 아일랜드
등 하와이 곳곳에 매장을 두고 있다. 보기에도, 입기에도 편한 스타일의 디자인을 추구하고 있으며,
그중에서도 블루 컬러의 시원한 비치 웨어가 돋보인다.

지도 P.054 주소 66-111 kamehameha Hwy. Haleiwa 전화 808-784-0909 홈페이지 shopmahina.
com 영업 10:00~18:00 주차

무료 가는 방법 와이키키에서
19번 버스 탑승, N Beretania
St+Opp Smith St에서 하차.
하차한 곳에서 다시 52번 버
스 탑승 후 Kamehameha
Hwy+Emerson Rd.에서 하
차, 할레이바 스토어 랏츠 내
위치.

호노스 쉬림프 트럭
Honos Shrimp Truck

10년째 이곳을 지키고 있는 새우 트럭으로, 한국인이 운영하고 있다. 사실 오아후에서 가장 유명한 새우 트럭은 지오반니 Giovanni (호노스 옆에 위치)의 새우 트럭이지만 오히려 한국인의 입맛에는 한국인이 운영하는 호노스가 더 맞는다. 매콤한 칠리 양념이 곁들여진 스파이시 새우요리와 마늘소스가 첨가된 갈릭 새우요리 둘 다 일품인데 밥과 함께 서빙돼 한 끼 식사로 부족함이 없다.

지도 P.054 **주소** 66-472 Kamehameha Hwy. Haleiwa **전화** 808-341-7166 **영업** 금~수 10:00~18:00(목요일 휴무) **가격** $13~16 **주차** 무료 **가는 방법** 알라모아나 센터에서 52번 버스 탑승 후 Kamehameha Hwy+Opp Paalaa Rd.에서 하차. 도보 1분.

마츠모토 그로서리 스토어
Matsumoto's Grocery Store

하와이의 명물 원조 셰이브 아이스 Shave Ice를 판매하는 디저트 가게. 레인보우 맛이 제일 유명하며 40여 가지 맛 중 3가지를 고를 수도 있다. 65년의 전통이 넘은 곳으로 잡화나 오리지널 티셔츠도 판매한다. 최근에 새로 숍을 단장해 보다 쾌적한 분위기에서 셰이브 아이스를 즐길 수 있다.

지도 P.054 **주소** 66-111 Kamehameha Hwy. Haleiwa **전화** 808-585-1770 **영업** 09:00~18:00 **가격** $2.50~4.25 **주차** 무료 **가는 방법** 알라모아나 센터에서 19번 버스 탑승, N Beretania St+Opp Smith St에서 하차. 하차한 곳에서 다시 52번 버스 탑승. Kamehameha Hwy+Emerson Rd.에서 하차. 할레이바 스토어 랏츠 내 위치.

커피 갤러리 Coffee Gallery

노스 쇼어 마켓 플레이스 North Shore Market Place에 위치한 카페. 다수의 커피콩을 보유하고 있어 내 입맛에 맞게 고를 수 있다. 직접 커피를 볶는 곳으로, 일 년 내내 고소한 향이 끊이지 않는다. 질 좋은 커피뿐 아니라 고구마와 코코넛 푸딩이 어우러진 스위트 포테이토 하우피아 파이도 놓치지 말자.

지도 P.054 **주소** 66-250 Kamehameha Hwy. C106 Haleiwa **전화** 808-637-5355 **영업** 06:30~20:00 **가격** $1.75~5 **주차** 불가 **가는 방법** 알라모아나 센터에서 19번 버스 탑승, N Beretania St+Opp Smith St에서 하차. 하차한 곳에서 다시 52번 버스 탑승. Kamehameha Hwy+Opp Kewalo Ln에서 하차.

리워드

코 올리나 비치 파크 Ko Olina Beach Park

파도가 없고 고운 입자의 모래가 특징이라 아이를 동반한 가족들이 즐기기 좋다. 이곳은 인공적으로 만든 총 4개의 라군으로 구성되어 있으며 각 라군별로 리조트와 이어져 있는 것이 특징이다. 가장 아름답기로 소문난 첫 번째 라군은 포시즌 리조트 오아후 앳 코 올리나 Four Seasons Reaort Oahu at Ko Olina와 아울라니 디즈니 리조트 Aulani Disney Resort & Spa가 두 번째는 코 올리나 비치 빌라스 Ko Olina Beach Villas, 세 번째는 메리어트 코 올리나 비치 클럽 Marriott's Ko Olina Beach Club, 네 번째는 코 올리나 마리나 Ko Olina Marina와 각각 이어져 있다. 리조트 안의 인공 라군 비치이긴 하나 엄연한 퍼블릭 비치로, 리조트 옆 'Public Access' 라는 푯말이 있는 곳에 주차하면 된다.

지도 P.096-B4 ▶ 주소 92-1001 Olani St. Kapolei(JW Marriott Ihilani Resort & Spa 주소) 운영 특별히 명시되진 않았지만 이른 오전과 늦은 저녁은 피하는 것이 좋다. 주차 무료(코 올리나 리조트 단지 내로 진입, 바닷가 근처 퍼블릭 주차장이 있음) 가는 방법 알라모아나 센터 Ala moana Center에서 C번 버스 탑승. Farrington Hwy+Opp Waiomea St에서 하차.

진주만

진주만 유적지 Pearl Harbor Historic Sites

진주만은 태평양 전쟁 당시, 일본이 기습공격을 했던 장소로 애리조나 기념관과 전함 미주리오 기념관 등에 전쟁의 흔적이 남아 있다. 특히 1,177명의 희생자와 함께 바다에 침몰한 USS 애리조나호를 그대로 보존해 그 위에 지은 기념관이 인상적이다. USS 애리조나호를 둘러보기 위해선 티켓이 필요하다. 무료이긴 하나 순서대로 티켓을 제공하기 때문에 진주만에 입장 후 티켓 데스크 Tickets & Information에서 USS 애리조나 기념관 투어 티켓을 받는 것이 중요하다. 시간적 여유가 있다면 진주만을 보다 더 잘 이해할 수 있는 두 곳의 박물관을 먼저 둘러볼 필요가 있다. 하나는 '전쟁으로의 길 박물관 Road to Museum'으로 전쟁이 일어나기 전까지의 상황을 그대로 재현한 곳이고, 다른 하나는 '공격 당시 자료 박물관 Attack Museum'으로 미국이 일본의 침략을 당했던 그 순간을 설명한 곳이다. 이 두 곳은 오디오 청취를 함께하면 보다 빠르게 이해할 수 있다. 실존 인물의 내레이션은 물론이고 한국어 버전으로 통역까지 되어 있어 $7.5의 비용이 들긴 하지만 그만큼 가치 있다. 안전상의 이유로 가방은 반입이 금지되기 때문에 펄하버 비지터 센터에 맡길 경우 개당 $5을 지불해야 한다. 단, 카메라, 휴대폰 등은 가지고 들어갈 수 있다.

지도 P.096-C3 주소 1 Arizona Memorial Pl. Honolulu 전화 808-422-3300 홈페이지 www.pearlharborhistoricsites.org 운영 07:00~17:00 요금 진주만 유적지(Pearl Harbor Historic Sites), USS 애리조나호 입장을 제외한 모든 관람은 유료. USS 보우핀 잠수함 박물관, 전함 미주리 기념관 등 전체 관람 시 $72, 어린이 $35 주차 무료 가는 방법 알라모아나 센터에서 42번 버스 탑승, Kamehameha Hwy+Kalaloa St.에서 하차. 소요시간은 약 1시간.

전쟁으로의 길 박물관

실제 진주만이 기습공격을 당한 다음날 신문을 재현해 판매하고 있다.

RESTAURANT
오아후의 식당

와이키키

더 크림 팟 The Cream Pot

프로방스 스타일의 레스토랑으로 일식과 프렌치 퓨전 요리를 선보이는 곳이다. 브런치 카페로도 유명한 이곳은 이스트로 발효시킨 벨기에 와플과 와인으로 숙성된 비프 스튜 오믈렛, 클래식 오믈렛의 맛이 특히 좋다. 그밖에 크레페와 셔플 팬케이크, 베이크드 에그 등도 인기가 많다. 야외에도 테이블이 놓여 있어 하와이 속의 프랑스를 마주한 듯한 착각마저 든다.

지도 P.102-A1 주소 444 Niu St. Honolulu 전화 808-429-0945 영업 06:30~14:30(화요일 휴무) 가격 $4.5~28(클래식 크레페 $14.5) 주차 유료(1시간 $2) 예약 필요 가는 방법 Kalakaua Ave.에서 Niu St. 방향으로 진입. 도로 끝 하와이안 모나크 호텔 Hawaiian Monarch Hotel 1층에 위치.

서울 순두부 하우스 Seoul Tofu House

최근 와이키키에 한식 스타일의 순두부 전문점이 문을 열었다. 24시간 푹 우린 고기 육수를 사용해 시원한 국물 맛을 자랑하고, 고기와 해산물, 채소 등의 토핑을 기호에 맞게 선택할 수 있다. 모든 메뉴는 1인 1트레이에 깔끔하게 세팅되어 나온다. 순두부 1인분 가격은 $13.

지도 P.104-A2 주소 2299 Kuhio Avenue Space C, Waikiki, Honolulu 전화 808-376-0018 가는 방법 인터내셔널 마켓 플레이스 후문 쪽에 위치. 레이로우 호텔 Laylow 호텔 1층.

빌스 Bills

베트남, 일본, 브루클린, 포틀랜드 스타일이 믹스되어 퓨전 메뉴를 선보이는 곳. 높은 천장과 감각적인 인테리어가 돋보인다. 간단하게 끼니를 때우거나, 저녁에 칵테일을 즐기며 분위기를 내기에도 좋다. 와이키키 외에도 시드니와 런던, 도쿄, 서울에도 매장이 있다.

지도 P.103-D3 **주소** 280 Beach Walk, Honolulu **전화** 808-922-1500 **홈페이지** www.billshawaii.com **영업** 07:00~22:00 **가격** 브렉퍼스트 $6~24, 런치 $6~28, 디너 6~65 **주차** 빌스 맞은편 뱅크 오브 하와이 Bank of Hawaii 건물. 월~금 15:00 이후, 토~일 유료(4시간 $7) **예약** 필요 **가는 방법** Kalakaua Ave. 초입, 포트 드루시 비치 파크 Fort Derussy Beach Park를 지나 뱅크 오브 하와이를 지나기 전, 오른쪽 Beachwalk 골목으로 우회전 후 오른쪽 하드 록 카페 옆에 위치.

크랙킨 키친 Crackin Kitchen

하와이안 스타일의 케이준 요리를 선보이는 곳. 랍스터와 새우, 홍합 등 다양한 해산물을 쪄내 특유의 소스로 믹스, 테이블 위에 펼쳐놓고 먹는 독특한 형식의 콤보 요리가 시그니처 메뉴다. 매운 맛의 정도를 선택할 수 있으며, 콘이나 갈릭 버터 라이스, 프렌치프라이 등을 추가 주문할 수 있다.

지도 P.103-F2 **주소** 364 Seaside Ave. Honolulu **전화** 808-922-5552 **홈페이지** crackinkitchen.com **영업** 12:00~23:00 **가격** $8~85(얼티메이트 시그니처 디쉬 $85) **주차** 무료 **예약** 필요 **가는 방법** Kalakaua Ave.에서 호놀룰루 동물원 Honolulu Zoo 방향으로 걷다가 와이키키 쇼핑 플라자 Waikiki shopping Plaza를 끼고 좌회전한다. Seaside Ave. 방향으로 가면 골목 끝 왼쪽에 위치.

울프강스 스테이크 하우스
Wolfgang's Steakhouse

뉴욕 3대 스테이크 하우스에 꼽히는 피터 루거에서 40여 년간 헤드 웨이터로 근무한 울프강 즈위너가 새로 오픈한 레스토랑. 미국 상위 3%에 해당하는 최고급 USDA 프라임 등급의 블랙 앵거스 품종 소고기만을 사용하며, 28일 동안 드라이 에이징을 거쳐 테이블에 올려진다.

지도 P.103-F3 **주소** 2201 Kalakaua Ave. Honolulu **전화** 808-922-3600 **홈페이지** www.wolfgangs steakhouse.net **영업** 일~목 11:00~22:30, 금~토 11:00~23:30 **가격** 런치 $10~115, 디너 $10~230.95 **주차** 로얄 하와이안 센터 내 유료(매장에서 상품 구매 시 주차티켓 제시, 2시간 $2, 이후 시간당 $4) **예약** 필요 **가는 방법** Kalakaua Ave. 중심 로얄 하와이안 센터 Royal Hawaiian Center C빌딩 3층에 위치.

돈카츠 긴자 바이린
Tonkatsu Ginza Bairin

두툼한 두께에 육즙이 살아있는 돈가스를 맛볼 수 있는 곳. 본점은 일본에 있으며 한국에도 이미 지점을 오픈한 체인점이다. 질 좋은 흑돼지를 사용, 25개 접시만 판매하는 포크 로인 카츠가 유명하며 그 외에도 덮밥이나 튀김류 등의 메뉴가 있다. 디저트로 녹차 아이스크림 등을 곁들이면 좋다. 고기는 물론이고 밥, 샐러드에 사용되는 양배추, 소스 등 모두 일등급만 사용해 다소 가격이 높은 편이다.

지도 P.103-E3 **주소** 255 Beachwalk Honolulu **전화** 808-926-8082 **홈페이지** ginzabairin.com **영업** 일~목 11:00~21:30, 금~토 11:00~22:30 **가격** $6~36(포크 텐더로인 카츠 $24 **주차** 불가 **가는 방법** Kalakaua Ave. 초입, 포트 드루시 비치 파크 Fort Derussy Beach Park 지나 뱅크 오브 하와이 Bank of Hawaii 지나기 전, 오른쪽 Beachwalk 골목으로 우회전. 아웃리거 리젠시 온 비치워크 호텔 Outrigger Regency on Beachwalk 건물 1층에 위치.

아란치노 Arancino

1996년에 오픈한 이탈리안 다이닝으로 해산물에 올리브 오일 소스를 베이스로 한 알라 페스카토라, 신선한 랍스터와 토마토 소스를 베이스로 한 아스티체가 대표 스파게티 메뉴다. 나폴리 스타일의 얇은 크러스트 피자인 오너스 페이버릿 피자도 인기다. 메리어트 호텔과 카할라 리조트에도 지점이 있다.

지도 P.103-E3 **주소** 255 Beachwalk Honolulu **전화** 808-923-5557 **홈페이지** www.arancino. com **영업** 런치 11:30~14:30, 디너 17:00~22:00 **가격** $12~37(스파게티 아이 리치 디 마레(성게 알 파스타) $37) **주차** 주중 17:00 이후, 주말만 가능하며 Beach Walk 초입 뱅크 오브 하와이 건물 내 유료(레스토랑 결제 시 주차티켓 제시, 3시간 $2) **예약** 필요 **가는 방법** Kalakaua Ave. 초입, 포트 드루시 비치 파크 Fort Derussy Beach Park 지나 뱅크 오브 하와이 Bank of Hawaii 지나기 전, 오른쪽 Beachwalk 골목으로 우회전. 아웃리거 리젠시 온 비치워크 호텔 Outrigger Regency on Beachwalk 건물 1층에 위치.

파이어니어 살롱 Pioneer Saloon

도쿄 스타일의 카페를 그대로 재현, 하와이에서 보기 드문 코지한 분위기가 매력적이다. 런치 플레이트가 유명한 곳으로 파스타 샐러드와 연어 카츠, 포크 햄버거 카츠, 아히 포키가 메인 메뉴다. $1.50의 저렴하면서도 내용물이 가지각색인 무수비도 맛볼 수 있다.

지도 P.101-F2 **주소** 3046 Monsarrat Ave. Honolulu **전화** 808-732-4001 **영업** 11:00~20:00 **가격** $9~16(포크 햄버거 스테이크 $10) **주차** 무료(공간 협소) **가는 방법** Kalakaua Ave.에서 호놀룰루 동물원 Honolulu Zoo을 끼고 Monsarrat Ave. 방향으로 진입. 왼쪽에 위치.

마루카메 우동 Marukame Udon

와이키키에서 점심과 저녁 시간 때 가장 긴 줄이 서 있는 곳으로, 저렴한 가격이 매력적인 우동집이다. 물론 맛은 말할 것도 없다. 기계를 이용해 뽑아내는 면발을 눈앞에서 볼 수 있는 즐거움도 있고, 우동 이외에도 스팸 무수비, 유부초밥, 튀김 등이 있어 한국인들도 즐겨 찾는 곳 중 하나다. 우동이 짠 편이기 때문에 평소 싱겁게 먹는 사람이라면 국물과 면발을 분리해서 먹는 자루 우동을 추천한다.

지도 P.104-B1 주소 2310 Kuhio Ave. #124 Honolulu 전화 808-931-6000 영업 07:00~22:00 가격 $1~7(카케 우동 $3.75) 주차 불가 예약 불가 가는 방법 Kuhio Ave.에 위치, 오하나 와이키키 웨스트 Ohana Waikiki West를 등지고 오른쪽에 위치.

에그스 앤 띵스 Eggs'n Things

오믈렛과 팬케이크 등 달걀 요리가 유명한 레스토랑. 달걀 3개를 넣어 만든 오믈렛이 대표 메뉴로 시금치와 베이컨, 치즈, 버섯 등을 취향에 따라 곁들여 먹을 수 있다. 하와이 현지식인 로코모코도 맛볼 수 있으며 대부분의 메뉴가 양이 많은 편이다. 1974년에 오픈해 지금까지 와이키키에 총 3개의 지점을 두고 있으며 사라토가 로드에 있는 곳이 오리지널 매장이다. 아침부터 저녁까지 길게 줄이 늘어서 있다.

지도 P.105-D3 주소 343 Saratoga Rd. Honolulu 전화 808-923-3447 홈페이지 www.eggsn things.com 영업 06:00~14:00, 16:00~22:00 가격 $2.45~29.50(마카다미아 팬케이크 $12, 투데이즈 스페셜 오믈렛 $12.95) 주차 불가 예약 불가 가는 방법 Kalakaua Ave 초입, Saratoga Rd. 방향으로 직진, 왼쪽에 위치.

하이스 스테이크 Hy's steak

와이키키에서 스테이크 전문점으로 전통과 명성이 높은 곳. 육즙 풍부한 스테이크도 일품이지만 서버가 눈앞에서 직접 조리하는 체리 주빌레가 시그니처 디저트다. 수~토요일 18:30~20:00에는 라이브 무대가 펼쳐진다.

지도 P.105-D1 주소 2440 Kuhio Ave. Honolulu 전화 808-922-5555 홈페이지 www.hyshawaii.com 영업 17:00~22:00(해피 아워 17:00~18:30) 가격 디너 $18~125(필레미뇽 $55, 체리 주빌레 1인당 $17) 주차 무료(발렛 팁 $2~3) 예약 필요 가는 방법 Kuhio Ave.에 위치. 아쿠아 퍼시픽 모나크 호텔 Aqua Pacific Monarch Hotel 도로 건너편에 위치.

테디스 비거 버거스 Teddy's Bigger Burgers

퀄리티 높은 고기를 사용하고, 직접 만든 데리야끼 소스를 사용하는 등의 노력 끝에 하와이에만 12개의 버거 가게를 오픈한 햄버거 전문점. 육즙이 풍부한 햄버거 패티는 원하는 정도로 익힐 수 있어 더욱 매력적이다. 최근 브렉퍼스트 메뉴를 제공하기 시작했다. 오믈렛과 팬케이크, 에그베네딕트 등의 메뉴를 저렴하게 판매한다.

지도 P.105-F3 ▶ 주소 134 Kapahulu Ave. Honolulu 전화 808-926-3444 홈페이지 www.teddysbb.com 영업 10:00~23:00 가격 $2.59~ 15.89(테디스 오리지널 버거 $4.99, 브렉퍼스트$6.99~12.98) 주차 건너편 호놀룰루 동물원에 유료(1시간 $1) 가는 방법 Kalakaua Ave. 끝, 쿠히오 비치 파크 Kuhio Beach Park를 지나 스타벅스를 끼고 좌회전. 와이키키 그랜드 호텔 Waikiki Grand Hotel 1층에 위치.

헤븐리 아일랜드 라이프스타일 Heavenly Island Lifestyle

도쿄의 멋스러운 카페를 그대로 옮겨놓은 듯한 레스토랑. 에그 베네딕트, 프렌치토스트, 오믈렛, 로코모코 등 어떤 메인 메뉴와 하와이 대표 디저트인 아사이 볼의 맛이 일품이다.

지도 P.103-F2 ▶ 주소 342 Seaside Ave. Honolulu 전화 808-923-1100 홈페이지 www.heavenly-waikiki.com 영업 06:30~23:00 가격 $11~35(빅 아일랜드 허니 프렌치토스트 $15, 로컬 팜 에그 베네딕트 $16) 주차 불가 예약 필요 가는 방법 Kalakaua Ave.에서 호놀룰루 동물원 Honolulu Zoo 방향으로 걷다가 와이키키 쇼핑 플라자 Waikiki Shopping Plaza를 끼고 좌회전한다. Seaside Ave. 방향으로 걷다보면 왼쪽에 위치. 로스 Ross 건너편.

치즈케이크 팩토리 Cheesecake Factory

미국 전역에 체인점이 있는 레스토랑으로, 파스타와 스테이크 등 기본 메뉴 이외에도 또띨라에 고기를 넣고 매운 소스를 뿌린 멕시코 요리인 치킨 엔칠라다, 송아지를 이용한 이탈리안 스타일의 치킨 피카타, 오븐에 구운 모로칸 치킨 등 전 세계 각국의 요리들을 모두 만날 수 있다. 그밖에도 다양한 종류의 아이스크림과 유명한 치즈케이크 등 디저트의 가짓수만 해도 엄청나다.

지도 P.103-F3 ▶ 주소 2301 Kalakaua Ave. Honolulu 전화 808-924-5001 홈페이지 www.thecheesecakefactory.com 영업 일 10:00~23:00, 월~목 11:00~23:00, 금 11:00~24:00, 토 10:00~24:00 가격 $5.95~23.95(타이 레터스 랩 $15.95) 주차 로얄 하와이안 센터 내 유료(매장에서 상품 구매 시 주차티켓 제시, 2시간 $2, 이후 시간당 $4) 예약 불가 가는 방법 Kalakaua Ave. 중심, 로얄 하와이안 센터 Royal Hawaiian Center C빌딩 1층에 위치.

레드 랍스터 Red Lobster

1968년에 오픈해 전 세계에 698개의 매장을 두고 있는 프렌차이즈 패밀리 레스토랑. 시푸드를 메인으로 하고 있다. 특히 크랩과 랍스터, 연어를 재료로 한 메뉴가 많은 편이다. 연어의 경우 훈제로 구워 식욕을 높였으며, 크랩과 랍스터는 마늘을 넣고 굽거나 버터를 이용해 쪄내 해산물 특유의 비린내를 없애며 풍미를 더했다. 특히 해산물과 야채가 곁들여진 콤비네이션 메뉴의 구성이 잘 되어 있다.

지도 P.107-E3 주소 1765 Ala Moana Blvd. Honolulu 전화 808-955-5656 홈페이지 www.redlobster.com 영업 일~목 11:00~22:00, 금·토 11:00~23:00 가격 $5.29~38.99(우드 그릴드 랍스터 쉬림프 앤 스칼럽 $32.99) 주차 유료(4시간 $5) 예약 필요 가는 방법 Kalakaua Ave.에서 Ala Moana Blvd. 방향으로 진입. 하와이 프린스 호텔 Hawaii Prince Hotel 옆에 위치.

알라 모아나

니코스 업스테어즈 Nico's Upstairs

낮에는 근처 직장인들이, 저녁에는 연인이나 친구끼리 즐겨 찾는 레스토랑. 해산물은 물론 질 좋은 스테이크도 맛볼 수 있다. 카팔라마 만을 바라볼 수 있는 창가 좌석이 인기다. 매일 17:00~20:00에는 라이브 음악도 함께 감상할 수 있다.

지도 P.098-C2 주소 1129 N Nimitz Hwy, Honolulu 전화 808-550-3740 홈페이지 www.harborpier38. com 영업 11:00~21:00 가격 런치$10~25(스페니시 그릴드 옥토퍼스 $19), 디너$10~55(프라임 립 $55) 주차 무료 예약 필요 가는 방법 알라모아나 센터에서 20번 버스 탑승. Nimitz Hwy+Opp Pier 36에서 하차 후 도보 3분. 트롤리 퍼플 라인의 경우 피어 38 피싱 빌리지에서 하차. 건물 2층에 위치.

Tip 레스토랑에서 주문 시 알아두면 편리한 단어

간혹 레스토랑에서 발견하는 하와이어 때문에 주문하기 어려울 때가 있어요. 그중에서도 가장 자주 볼 수 있는 단어는 '케이키 메뉴 keiki menu'인데 그 뜻은 '어린이 메뉴'란 뜻이에요. '푸푸스 Pupus'도 자주 보이는데요. '애피타이저'란 뜻입니다. 간단하게 핑거 푸드나 혹은 식전 메뉴를 주문하고 싶다면 푸푸스를 이용해보세요.

푸켓 타이 Phuket Thai

매년 하와이 유명 잡지에 '베스트 타이 퀴진'으로 꼽히는 곳. 소박한 외관과는 달리 늘 사람들로 붐빈다. 팟 타이, 파인애플 볶음밥, 타이 스타일의 커리, 타이 비프 샐러드 등의 메뉴들이 있으며, 특히 타이 크리스피 프라이드 치킨이나 파파야 샐러드는 한국인들의 입맛에도 잘 맞는다.

지도 P.106-A4 주소 401 Kamakee St. #102 Honolulu 전화 808-591-8421 홈페이지 www.phuketthaihawaii.com 영업 11:00~22:00 가격 $5.95~15.95(그린 파파야 샐러드 $9.50) 주차 불가 가는 방법 도보 시 Kalakaua Ave.에서 알라모아나 센터 방향의 Kapiolani Blvd.로 직진. 왼쪽 Kamakee St. 방향으로 좌회전.

팡야 비스트로 Panya Bistro

빅 샐러드와 아시안 스타일 샐러드, 각종 샌드위치와 버거, 파스타, 누들, 디저트 등을 판매하는 레스토랑. 매장 한 쪽에 진열된 베이커리와 조각 케이크 등의 맛이 일품이다. 뉴욕 치즈 케이크와 일본 스타일의 치즈 케이크, 코나 커피를 이용한 다크 브라우니 등이 있으며 커피 못지않게 과일 티 역시 맛이 좋다.

지도 P.106-A4 주소 1288 Ala Moana Blvd. Honolulu 전화 808-946-6388 홈페이지 www.panyagroup.com 영업 07:00~22:00(해피 아워 15:00~18:00) 가격 $3~22 주차 무료 예약 필요 가는 방법 도보 시 Kalakaua Ave.에서 알라모아나 센터 방향의 Ala Moana Blvd.로 진입. 직진 후 Queen St.로 우회전. T.J maxx 건너편에 위치.

노부 호놀룰루 Nobu Honolulu

미국뿐 아니라 베이징, 부다페스트, 두바이, 홍콩, 마닐라, 밀라노, 도쿄 등 세계 전역에 프랜차이즈를 두고 있는 고급 일식당. 퓨전 스타일 일식을 선보이며, 바와 레스토랑이 분리되어 있다. 가격이 고가라 부담스럽다면 간단하게 칵테일 한 잔만 즐겨도 좋다.

지도 P.106-A4 주소 1118 Ala Moana Blvd. Honolulu 홈페이지 noburestaurant.com 영업 일~목 17:00~22:00, 금~토 17:00~22:30 가격 $7~150(오마카세 시그니처 테스팅 $120) 주차 무료 예약 필요 가는 방법 도보 시 Kalakaua Ave.에서 알라모아나 센터 방향의 Ala Moana Blvd.로 진입한다. 30분가량 직진하면 우측에 위치.

버니니 Bernini

이탈리아 남부 스타일의 레스토랑. 켄고 마츠모토 셰프의 철학은 재료 본연의 맛을 살리는 것으로, 로컬 푸드를 이용해 신선한 메뉴를 선보인다. 그중에서도 신선한 성게알로 만든 스파게티, 리치 디 마레의 인기가 좋다.

지도 P.106-B3 › 주소 1218 Waimanu St. Honolulu 전화 808-591-8400 홈페이지 www.berninihonolulu.com 영업 화~일 17:30~21:30(월요일 휴무) 가격 $9~45(봉골레 비앙코 $27) 주차 무료 예약 필요 가는 방법 Kalakaua Ave.에서 알라모아나 센터 방향의 Ala Moana Blvd.로 진입. 직진 후 오른쪽 Piikoi St.로 우회전 후 다시 Waimanu St.를 끼고 좌회전. 후이칼라 교회 Huikala Baptist Church 옆 위치.

스크래치 키친 & 미터리
Scratch Kitchen & Meatery

하와이에서 가장 뜨고 있는 브런치 레스토랑. 다운타운에서 인기를 얻은 뒤, 사우스 쇼어 마켓으로 이전했다. 오전에는 브런치, 런치와 디너에는 파스타, 샐러드, 버거 메뉴가 인기 있다. 그중에서도 사이다 브레이즈드 포크 밸리 & 애플 파스타는 한번 맛보면 중독될 정도. 참고로 서버에게 홈메이드 스파이시 소스를 부탁하면 특별한 파스타를 즐길 수 있다.

지도 P.106-B4 › 주소 1170 Auahi St, Honolul 전화 808-589-1669 홈페이지 www.scratch-hawaii.com 영업 월~토 09:00~15:00, 17:00~21:00, 일 09:00~15:00 가격 $7~34(사이다 브레이즈드 포크 밸리 & 애플 파스타 $16) 주차 무료 예약 필요 가는 방법 알라모아나 센터에서 19번 버스 탑승, Ala Moana Bl+Queen St에서 하차. 도보 1분.

모쿠 키친 Moku Kitchen

솔트 앳 아우어 카카아코 단지 내에서 가장 인기 있는 레스토랑. 화덕에서 구워내는 피자와 스테이크, 하와이 대표 참치 요리인 포케와 타코, 홈메이드 버거 등 다양한 메뉴를 선보이고 있다. 매일 16:00, 19:00에 라이브 공연이 있다.

지도 P.109-C4 › 주소 660 Ala Moana Blvd, Honolulu 전화번호 808-591-6658 홈페이지 www.mokukitchen.com 영업 11:00~23:00(해피 아워 15:00~17:30, 22:00~23:00) 가격 런치 $6.5~21(마르게리타 피자 $15), 디너 $6.5~36 주차 1시간 무료 (계산 시 티켓 제시, 이후 2~3시간은 시간당 $2~3, 이후 시간당 $6) 예약 필요 가는 방법 알라모아나 센터에서 19번 탑승 후 Ala Moana Bl+Coral St에서 하차. 도보 1분.

다운타운

더 피그 앤 더 레이디 The Pig and The Lady

베트남 스타일의 퓨전 레스토랑. 레스토랑 이름처럼 곳곳에
재미있는 인테리어가 눈에 띈다. 라오스 프라이드 치킨과 포
프렌치 딥 등이 인기 있으며, 런치와 디너 각각 테스팅 메뉴가
있어 특별한 날이라면 테스팅 메뉴를 주문해도 좋겠다. 디저
트 메뉴도 다양한 것이 특징.

지도 P.108-A2 ▶ 주소 83 N King St. Honolulu 전화 808-585-
8255 홈페이지 thepigandthelady.com 영업 런치 월~토 11:00~15:00, 디너 화~토 17:30~21:30(일요일
휴무) 가격 런치 $10~22, 디너 $5~47(다이버 시 스칼립 $39) 주차 불가 예약 가능 가는 방법 와이키키에서
2번 버스 탑승, N Hotel + Smith St 에서 하차. 도보 1분.

브릭 파이어 태번 Brick Fire Tavern

화덕피자 전문점으로 12가지의 피자 메뉴를 선보이고 있
다. 그중에서도 다 쉬림프 트럭 피자와 치즈 피자와 마르게
리타 피자가 가장 인기 있다. 평일에는 차이나타운 근처 회
사원들이, 주말에는 연인들이 주로 즐겨 찾는다.

지도 P.108-A2 ▶ 주소 16 N Hotel St, Honolulu 전화 808-
369-2444 홈페이지 brickfiretavern.com 영업 월~목
11:00~21:00, 금~토 11:00~22:00(일요일 휴무) 가격 $9~20(다
쉬림프 트럭 피자 $19) 주차 불가 가는 방법 와이키키에서 13번
버스 탑승, S Hotel+Bethel St.에서 하차.

야키토리 하치베이 Yakitori Hachibei

오픈 후 빠르게 입소문을 타며 현지인들에게 인기를 얻는 곳. 모던한 인테리어의 이곳에서 일본식 꼬
치구이를 맛볼 수 있다. 꼬치구이와 함께 크림치즈 두부, 치킨 라멘 등이 현지인들이 즐겨 찾는 메뉴
다. 뿐만 아니라 개성 강한 칵테일과 일본 술도 경험해볼 수 있다.

지도 P.108-A2 ▶ 주소 20 N Hotel St, Honolulu 전화 808-369-0088 홈페이지 hachibei.com 영업 화~토
17:00~ 22:00(일·월요일 휴무) 가격 $5~22(해피 아워 $5) 주차 불가 예약 필요 가는 방법 와이키키에서 2번
버스 탑승, S hotel St + Bethel St에서 하차. 도보 1분.

카일루아~카네오헤

마이크스 훌리 치킨 Mike's Huli Chicken

하와이식으로 바비큐한 치킨 요리를 '훌리훌리 치킨' 이라고 부르는데, 바로 그 요리에서 가게 이름을 땄다. 기다란 꼬챙이에 닭을 통째로 넣고 숯불 위에 골고루 익혀가며 구워낸 통닭요리가 유명한 곳. 부드럽게 속까지 익혀 한번 맛보면 그 매력을 잊을 수 없다. 외국의 유명 셀러브리티들도 들를 정도로 유명하며, 치킨 요리 이외에 갈릭 새우 요리도 있다.

지도 P.097-D3 ▶ 주소 55-565 Kamehameha Hwy. Kaneohe 전화 808-277-6720 영업 10:30~19:00 가격 $9.75~17.50 주차 무료 가는 방법 알라모아나 센터에서 55번 버스 탑승. Kamehameha Hwy + Kahuku Sugar Mill에서 하차. 도보 1분.

부츠 & 키모스 홈스타일 키친
Boots & Kimo's Home Style Kitchen

바나나 팬케이크에 마카다미아 너트 소스가 곁들여진 메뉴가 가장 인기가 많다. 그밖에도 소시지와 밥, 달걀 프라이가 함께 나오는 하와이 정통 아침식사와 시푸드 스페셜 오믈렛 등의 메뉴가 있다.

지도 P.097-A1 ▶ 주소 151 Hekili St. Kailua 전화 808-263-7929 영업 월·수·금 07:30~15:00, 토~일 07:00~15:00 가격 $2.99~20(마카다미아 너트 소스 팬케이크 $15.99) 주차 불가 예약 불가 가는 방법 와이키키에서 23번 탑승, Hahani St+Hekili St.에서 하차. 도보 1분.

선셋 스모크하우스 Sunset Smokehouse

선셋 스모크하우스는 바비큐의 본고장으로 알려진 텍사스 방식을 그대로 고수, 하와이에서 재현한 레스토랑이다. 푸드 트럭으로 시작한 곳이 입소문이 나기 시작해 지금의 레스토랑으로 확장 오픈했다. 텍사스에서 공수한 대형 스모커를 이용해 낮은 온도에서 간접적으로 장시간 가열해 스모크 향을 입히는데 이때 소금과 후추만을 사용해 고기 본연의 맛을 충실히 살린다. 차돌, 양지 부위인 비프 브리스킷이 대표 메뉴이며 한국인 입맛에는 스페어 립스도 잘 맞는다. 타임 먼데이 잡지에서는 하와이 탑 바비큐로, 트래블 & 레저 잡지에서는 미국 내 톱 25위, 바비큐 부문 10위를 수상한 바 있다.

지도 P.096-A1 ▶ 주소 23 S Kamehameha Hwy, Wahiawa 전화 808-476-1405 인스타그램 @sunsetsmokehouse 가격 $11~25 가는 방법 와이키키에서 51번 탑승, Kamehameha Hwy+Opive Ave에서 하차. 도보 1분.

CAFE & DESSERT
오아후의 카페 & 디저트

와이키키

무수비 카페 이야스메
Musubi Cafe Iyasume

하와이에서 꼭 먹어봐야 하는 무수비는 스팸이 올라간 초밥 스타일로 쉽고 간편하게 먹을 수 있다. 그중에서도 이야스메 무수비는 마니아가 많아 무수비 대표 브랜드로 자리 잡았다. 최근 무수비 카페를 오픈해 테이크아웃 위주로 판매했던 이전에 비해 보다 쾌적한 환경에서 식사가 가능해졌다.

지도 P.105-D2 주소 2427 Kuhio Ave. Honolulu 전화 808-921-0168 영업 월~토 07:00~19:00, 일 07:00~16:00 가격 $2.98~10 주차 불가 예약 불가 가는 방법 Kuhio Ave.에 위치. 아쿠아 퍼시픽 모나크 호텔 Aqua Pacific Monarch 1층에 위치.

아일랜드 빈티지 커피
Island Vintage Coffee

커피보다 아사이 볼 디저트가 더 유명한 곳. 브렉퍼스트 역시 놓치기 아깝다. 전형적인 하와이안 아침식사 스타일로 포르투갈 소시지와 달걀 프라이, 파파야 등을 곁들인 아일랜드 스타일 플레이트나 커다란 새우를 마늘에 볶은 갈릭 슈림프, 김치볶음밥 등이 맛있다.

지도 P.103-F3 주소 2301 Kalakaua Ave. Honolulu 전화 808-923-3383 홈페이지 www.islandvintagecoffee.com 영업 06:00~23:00(브렉퍼스트 07:00~15:00) 가격 브렉퍼스트$8.95~ 16.95(김치 프라이드 라이스 $13.95) 주차 로얄 하와이안 센터 내 유료(처음 1시간 무료, 이후 시간당 $2) 예약 불가 가는 방법 KalakauaAve. 중심에 위치한 로얄 하와이안 센터 Royal Hawaiian Center C빌딩 2층에 위치.

케이크 M Cake M

수제 케이크의 맛이 일품인 곳. 장소가 협소하고, 자리도 매장 가운데에 놓인 기다란 테이블 하나뿐이라 그 자리가 꽉 차면 바 테이블에 앉아야 하지만 그마저도 감수할 만큼 퀄리티 높은 디저트를 맛볼 수 있다. 특별한 날을 위한 케이크를 주문하고 싶다면 바로 이곳이다.

지도 P.106-C2 주소 808 Sheridan St Suite 308, Honolulu 전화 808-722-5302 홈페이지 cakemhawaii.com 영업 화~토 10:00~18:00(일, 월 휴무) 가격 드링크 $3~5.25, 조각 케이크 $2~6 주차 유료(1시간당 $2) 예약 불가 가는 방법 Kalakaua Ave.에서 kanunu St.를 끼고 좌회전. Kaheka St.를 끼고 우회전 후 Rycroft St.를 끼고 다시 좌회전. 오른쪽 건물 3층에 위치.

레오나즈 베이커리 Leonard's Bakery

이곳의 트레이드 마크인 오리지널 말라사다는 주문 즉시 기름에 튀긴 뒤 설탕을 입힌 도넛으로 최고 인기 아이템. 말라사다 안에 커스타드, 초콜릿과 구아바 크림 등이 가미된 메뉴도 있으며, 도넛 이외에도 커피 케이크, 파이 등이 있고, 스위트 브레드인 LG PAO DOCE 등도 유명하다. 테이크아웃만 가능하다.

지도 P.099-E3 주소 933 Kapahulu Ave. Honolulu 전화 808-737-5591 홈페이지 www.leonardshawaii.com 영업 일~목 05:30~22:00, 금~토 05:30~23:00 가격 $1.15~50.89(오리지널 말라사다 $1.15) 주차 무료(공간 협소) 가는 방법 와이키키 초입 Kalakaua Ave.에서 Pau St. 골목으로 진입. Ala Wai Blvd.를 끼고 좌회전 후, McCcully St. 방향으로 우회전, 다시 Kapiolani Blvd.를 끼고 우회전 후, Kaimuki Ave.를 끼고 우회전해 Kapahulu Ave. 방향으로 우회전.

스위트 에스 카페 Sweet E's Cafe

외관은 평범한 식당같이 보이지만, 문을 열고 들어서면 브런치를 즐기는 사람들로 가득 차 있다. 심지어 늦으면 기다려야 할 정도로 현지인들의 브런치 장소로 유명한 곳. 에그 베네딕트, 오믈렛 등도 유명하지만 그중에서도 블루베리 스터프 프렌치 토스트가 제일 인기가 높다.

지도 P.099-E3 주소 1006 Kapahulu Ave. Honolulu 전화 808-737-7771 영업 07:00~14:00 가격 $6.95~13.95(블루베리 앤 크림 치즈 프렌치 토스트 $10.95). 주차 무료 예약 불가 가는 방법 와이키키 초입 Kalakaua Ave.에서 Kapiolani Blvd.를 타고 직진하다 오른쪽에 Kaimuki Ave.로 진입. 직진 후 사거리에서 왼쪽에 위치.

보거츠 카페 Bogart's Cafe

오믈렛, 베네딕트, 와플 & 팬케이크 등 브런치 메뉴 위주로 판매하고 있는 카페. 하지만 이곳이 유명한 이유는 푸짐한 아사이 볼 때문이다. 하와이에서 꼭 한 번 먹어봐야 하는 디저트로 신선한 블루베리와 딸기, 바나나와 꿀이 가득 들어 있는 건강식이다. 그밖에도 투스칸 치킨 샌드위치와 홈메이드 하우피아 소스가 곁들여진 하와이안 와플, 햄 베네딕트가 유명하다.

지도 P.101-F2 주소 3045 Monsarrat Ave. Honolulu 전화 808-739-0999 홈페이지 www.bogartscafe.webs.com 영업 07:00~17:00 가격 $6.50~16(아사이 볼 $11) 주차 건물 앞 무료 가는 방법 Kalakaua Ave.에서 호놀룰루 동물원 Honolulu Zoo을 끼고 Monsarrat Ave. 방향으로 진입. 파니어니어 살롱 Pioneer Saloon 건너편에 위치.

호놀룰루 커피 체험 센터
Honolulu Coffee Experience Center

100% 코나 커피를 판매하는 호놀룰루 커피에서 만든 박물관 형태의 디저트 카페. 커피 볶는 향이 가득한 곳으로, 기프트 숍과 커피 체험관 등이 있으며 매장 내에서 판매되고 있는 베이커리 제작 과정을 직접 관람할 수 있다.

지도 P.107-F2 ▶ 주소 1800 Kalakaua Ave. Honolulu 전화 808-202-2562 홈페이지 www.honolulucoffee.com 영업 06:00~18:00 가격 ~$15 주차 무료 가는 방법 와이키키 초입 Kalakaua Ave.에서 하와이 컨벤션 센터 Hawaii Convention Center 건너편에 위치.

카할라~카이무키

코코헤드 카페 Coco Head Café

노란 차양막이 멀리서도 눈에 띄는 곳. 일본 스타일의 브런치 카페로, 볼케이노 에그, 피쉬 & 에그, 오하요 에그 등 달걀을 활용한 다양한 메뉴를 선보인다. 독특하게 한국식 비빔밥도 메뉴에 있다.

지도 P.099-F4 ▶ 주소 1145 12th Ave, Honolulu 전화 808-732-8920 홈페이지 kokoheadcafe.com 영업 07:00~14:30 가격 $4~16 주차 유료 (1시간 $1) 가는 방법 와이키키 초입 Kalakaua Ave.에서 McCully St.방향으로 직진하다가 Kapiolani Blvd.를 끼고 우회전. 1분 정도 도보 후 버스 정류장에서 9번 버스 탑승. Waislae Ave+Koko Head Ave에서 하차. 도보 1분.

와이올리 키친 & 베이크 숍
Waioli Kitchen & Bake Shop

마노아 지역의 동네 사랑방이라고 표현하면 딱 좋을 듯. 이른 아침부터 브런치를 즐기려는 동네 주민들로 붐비는 곳이다. 최근에 리노베이션을 거쳐 보다 쾌적한 공간을 자랑한다. 이곳으로 향하는 길이 꽤 멋스러워 드라이브 코스로도 안성맞춤이다. 매장에서 직접 구운 빵 맛도 일품이다.

지도 P.099-E2 ▶ 주소 2950 Manoa Rd. Honolulu 전화 808-744-1619 홈페이지 waiolikitchen.com 영업 화~일 07:30~14:00 가격 블랙퍼스트 $7.50~14 주차 무료 가는 방법 와이키키에서 Ala Wai Blvd.로 진입해 직진하다 오른쪽 Kalakaua Ave.를 끼고 우회전. Philip St.를 끼고 우회전 후 다시 왼쪽 Punahou St.를 끼고 좌회전. 직진하다 도로명이 Manoa Rd.로 바뀌고 계속 직진하면 왼쪽에 위치.

PUB & BAR
오아후의 펍 & 바

와이키키

버팔로 와일드 윙스 그릴 & 바
Buffalo Wild Wings Grill & Bar

와이키키 여행 중 치킨과 맥주가 그립다면 이곳을 찾자! 소스와 시즈닝으로 맛을 낸 윙 메뉴 전문점으로 단계별로 매운 맛을 선택할 수 있다. 그중에서도 아시안 징, 허니 BBQ, 망고 하바네로 등이 맛있다. 생맥주는 밀러라이트, 기네스, 블루 문 등이 준비되어 있으며 윙 메뉴 외에도 나초와 모차렐라 스틱, 프레즐 등이 있다. 매장에 비치된 TV에서는 실시간으로 스포츠 경기가 생중계되어 전체적으로 발랄한 분위기가 매력적이다.

지도 P.107-E3 주소 1778 Ala Moana Blvd. Honolulu 전화 808-983-3933 홈페이지 www.buffalowildwings.com 영업 일~목 11:00~24:00, 금·토 11:00~다음날 02:00 가격 $3.79~28.99(하우스 샘플러 $16.29) 주차 유료(30분당 $2) 가는 방법 더 모던 호놀룰루 The Morden Honolulu 건너편 맥도날드 옆, 디스커버리 베이 센터 Discovery Bay Center 1층에 위치.

야드 하우스 Yard House

전 세계의 다양한 생맥주를 판매해 항상 여행자들로 북적거리는 펍. 맥주의 종류가 많은데 그중에서도 하와이 맥주인 마우이 브로잉 비키니 블론드를 맛보자. 함께 곁들이는 메뉴로는 맥앤치즈 Mac & Cheese가 대표적이다. 피자와 샐러드, 수프 등 간단한 런치메뉴는 물론이고 해피 아워의 칵테일과 맥주, 피자와 애피타이저 등 대부분의 메뉴를 $10의 가격으로 즐길 수 있다.

지도 P.103-E3 주소 226 Lewers St. Honolulu 전화 808-923-9273 홈페이지 www.yardhouse.com/HI/honolulu-restaurant 영업 일~목 11:00~다음날 01:00(주류 주문 마감), 금·토 11:00~다음날 01:20(주류 주문 마감), (해피 아워 월~금 14:00~17:00, 일~수 22:30~마감 시) 가격 맥주 $4~15.50(마우이 브로잉 비키니 블론드 $4.25, 푸드 $4.35~33.75) 주차 4시간 $6(호텔 셀프 주차) 예약 17:00 이전까지만 가능 가는 방법 Kalakaua Ave. 초입, 막스마라 Maxmara 매장 건너편 Lewer St. 골목으로 우회전, 엠버시 스위트 와이키키 비치 워크 Embassy Suites Waikiki Beach Walk 1층에 위치.

스카이 와이키키 Sky Waikiki

와이키키의 야경을 한눈에 보고 싶다면 단연코 최근 새로
오픈한 이곳이 진리다. 와이키키 중심에 위치한 루프탑으
로, 해가 질 무렵 삼삼오오 스타일리시한 사람들이 모이는
곳이다. 이곳에서 칵테일 한 잔을 즐기며 와이키키의 밤을
만끽해보자. 금요일과 토요일 22:00~02:00에는 나이트클
럽으로 운영된다.

지도 P.103-F3 ▶ 주소 2270 Kalakaua Ave. Honolulu 전
화 808-979-7590 홈페이지 skywaikiki.com 영업 일·화~목
17:00~23:00, 금~토 17:00~21:00, 22:00~다음날 02:00 가
격 푸드 $5~42, 칵테일 $14~19, 나이트클럽 주류 $55~950 주
차 옆 건물 와이키키 쇼핑 플라자 주차(레스토랑 결제 시 주차티
켓 제시, 무료 이용) 예약 필요 가는 방법 Kalakaua Ave. 중심
로얄 하와이안 센터 Royal Hawaiian Center 건너편. 비즈니스
플라자 Business Plaza와 홀리데이 인 비치코머 Holiday Inn
Beachcomber 사이 건물 19층.

마이 타이 바 Mai Tai Bar

하와이 풍의 라이브 뮤직과 함께 와이키키 비치를 앞에 두고 분위기를 내기 좋은 펍. 로얄 마이타이
와 로얄 마가리타가 유명하며, 하루 2회 14:00, 18:30~19:00에 엔터테인먼트 프로그램이 있다. 또
한 매주 월요일과 목요일 17:30~20:00 사이에는 바로 옆에서 진행하는 루아우쇼도 라이브로 감상
할 수 있다.

지도 P.104-A3 ▶ 주소 2259 Kalakaua Ave. Honolulu 전화 808-923-7311 영업 10:00~24:00 가
격 $7~29(로얄 마이 타이 $15) 주차 불가 가는 방법 Kalakaua Ave. 초입, 포트 드루시 비치 파크 Fort
Derussy Beach Park를 지나 오른쪽 로얄 하와이안 Royal Hawaiian 1층, 와이키키 비치 쪽에 위치

알라 모아나

알로하 비어 컴퍼니 Aloha Beer Company

과거 1900년에서 1960년대, 하와이에서 맥주 붐이 일었던 시절을 그리워하며 최근에 오픈한 맥주 회사 겸 펍이다. 라거, 레드, IPA, 허니 포터 등을 직접 양조하며, 그밖에 다양한 맥주를 보유하고 있어 골라먹는 재미가 있다. 특히 우리나라 사람들 입맛에는 라거가 제격! 매장 밖 푸드 트럭에서 비프 스테이크, 미트볼, 베이컨 퐁듀 등 다양한 핑거 푸드를 주문해 함께 즐길 수 있다.

지도 P.109-D3 **주소** 700 Queen St, Honolulu **전화** 808-544-1605 **홈페이지** www.alohabeer.com **영업** 월~토 16:00~23:00 **가격** $3~30(칼라마리 샐러드 $14) **주차** 유료(발렛, 약간의 팁 필요) **가는 방법** 와이키키에서 13번 탑승 후 Kapiolani Bl+Cooke St 하차. 도보 4분.

리얼 가스트로펍 Real Gastropub

자체적으로 브루잉 컴퍼니를 운영하는 곳. 하와이 워드 지역에서 오랫동안 사랑받다 최근 이전했다. 맥주는 물론 요리 메뉴도 훌륭해 저녁 식사를 위해 방문해도 손색없다. 피쉬앤칩스, PLT 포크 밸리 등의 메뉴가 특히 인기 있고 해피 아워에는 생맥주 가격이 $1 할인된다. 다양한 맥주를 경험하고 싶다면 샘플러로 주문해 즐겨도 좋다.

지도 P.109-C3 **주소** 506 Keawe St, Honolulu **전화** 808-200-2739 **홈페이지** realgastropub.com **영업** 일~목 11:00~23:00, 금~토 11:00~24:00(해피아워 15:00~18:00) **가격** 드링크 $3~12(샘플러 $3~4), 푸드 $6~26 (피쉬앤칩스 $16, PLT 포크 벨리 $14) **주차** 유료($5이상 구매시 1시간 무료, 시간당 $1~3) **예약** 18시 이전까지 가능하며, 4인 이상 **가는 방법** Kalakaua Ave.에서 알라모아나 센터 방향의 Kapiolani Blvd.로 진입. 직진 후 Ward Ave.를 끼고 좌회전 후 오른쪽 Halekauwila St.를 끼고 우회전하면 왼쪽에 위치.

하와이 카이

코나 브루잉 컴퍼니 Kona Brewing Co.

하와이 전역에는 자신의 맥주 이름을 딴 브루잉 컴퍼니 겸 펍이 많다. 오션뷰의 창가 자리를 택해 바다를 바라보며 시원한 맥주에 피자를 곁들이면 안성맞춤! 샘플러를 이용해 4가지 맥주 맛을 경험해보는 것도 좋다. 해피 아워에는 보다 저렴하게 맥주를 즐길 수 있다.

지도 P.097-E4 **주소** 7192 Kalanianaole Hwy. Honolulu **전화** 808-396-5662 **홈페이지** kona brewingco.com **영업** 11:00~22:00(해피 아워 15:00~18:00) **가격** $5~23 **주차** 무료 **예약** 필요 **가는 방법** 와이키키에서 22번 버스 탑승. Kalaniaole Hwy+ Portlock Rd에서 하차. 코코 마리나 센터 I동에 위치.

SHOPPING
오아후의 쇼핑

와이키키

인터내셔널 마켓 플레이스 International Market Place

와이키키에서 알라모아나 센터로 이동이 번거롭다면 이곳에서 쇼핑과 식사를 한 번에 해결하는 것도 방법이다. 와이키키 중심에 있어 접근성이 좋다. 1~2층에는 로렉스와 버버리 등 명품 브랜드와 아베크롬비, 홀리스터 등의 의류 브랜드, 조 말론, 이솝 등 화장품 브랜드 등이 모여 있다. 3층에서는 딤섬 레스토랑인 야우아차와 지중해 스타일의 레스토랑 헤링본 등이 있다. 뿐만 아니라 푸드코트인 더스트리트, 일본식 도시락이나 신선한 초밥이 맛있는 일본 슈퍼마켓 미츠와, 커피와 크루아상이 유명한 코나 커피가 있다. 해질 무렵에는 1층 중앙 무대에서 펼쳐지는 무료 훌라 공연도 볼만하다.

지도 P.104-B2 ▶ 주소 2330 Kalakaua Ave. Honolulu 전화 808-921-0536 홈페이지 www.shopinternationalmarketplace.com 영업 10:00~ 22:00 주차 매장에서 상품 구매 시 1시간 무료(결제 시 주차티켓 제시, 이후 시간당 $2) 가는 방법 Kalakaua Ave. 중심에 위치. 쉐라톤 프린세스 카이울라니 리조트 옆.

티 갤러리아 T Galleria

DFS 갤러리아에서 이름을 변경, 보다 젊은 분위기로 탈바꿈한 면세점이다. 1층에는 버버리, 랄프 로렌 등의 브랜드와 초콜릿 & 쿠키 전문점이 있으며 트롤리 정류장(그린, 블루, 레드 라인), 환전소 등이 있다. 2층에는 화장품 매장이, 3층에는 명품 매장이 있다. 쇼핑 전 비행시간을 체크해 1층 안내데스크에서 쇼핑 카드를 만든 뒤 쇼핑이 가능하다. 한국에서도 A/S와 환불이 가능하다는 장점이 있다.

지도 P.103-E2 ▶ 주소 330 Royal Hawaiian Ave. Honolulu 전화 808-931-2700 홈페이지 www.dfs.com/en/tgalleria-hawaii 영업 09:30~23:00 주차 2층 주차장 이용, 무료(공간 협소) 가는 방법 Kalakaua Ave. 중심에 위치, 로얄 하와이안 센터 Royal Hawaiian Center 건너편.

로스 Ross

캐주얼 브랜드의 이월상품을 제일 저렴한 가격에 구입할 수 있는 곳. 2층으로 되어 있어 매장 규모도 크고 T 갤러리아 면세점 근처라 찾기도 쉽다. 단, 워낙 상품구성이 다양하고 많아 제품을 천천히 제대로 살펴보려는 노력이 필요하다. 인내심을 가지고 살펴보면 띠어리 Theory, 마이클 코어스, DKNY, 캘빈클라인, 7 Jeans 등의 브랜드를 만날 수 있다. 신발과 액세서리, 화장품과 주방용품 등이 모여 있으며 최대 90%까지 할인받을 수 있다.

지도 P.103-F2 ▶ **주소** 333 Seaside Ave. Honolulu **전화** 808-922-2984 **홈페이지** www.rossstores.com **영업** 일~목 07:00~다음날 01:00, 금~토 06:30~다음날 01:00 **주차** 로스에서 제품 구매 시 2시간 무료 **가는 방법** Kalakaua Ave.에서 호놀룰루 동물원 Honolulu Zoo 방향으로 걷다, 와이키키 쇼핑 플라자 Waikiki Shopping Plaza 끼고 좌회전. Seaside Ave. 방향으로 걷다 오른쪽에 위치.

노드스트롬 랙 Nordstorm Rack

2016년에 와이키키 중심에 새롭게 오픈한 아울렛. 노드스트롬 랙은 노드스트롬 백화점의 아울렛으로, 명품을 보다 저렴하게 구입할 수 있다. 신발과 가방, 의류 등 다양한 품목이 비치되어 있으며 운이 좋으면 고가의 명품도 부담 없는 가격으로 '득템' 할 수 있다.

지도 P.104-A2 ▶ **주소** 2255 Kuhio Ave, Honolulu **전화** 808-275-2555 **영업** 월~토 10:00~22:00, 일 10:00~20:00 **주차** 무료(매장에서 상품 구매 시 2시간 무료, 결제 시 주차티켓 제시) **가는 방법** Kalakaua Ave.에서 호놀룰루 동물원 Honolulu Zoo 방향으로 가다가 와이키키 쇼핑 플라자 Waikiki Shopping Plaza를 끼고 좌회전한다. Seaside Ave. 방향으로 가다가 골목 끝에서 우회전하면 오른쪽에 위치.

Tip

와이키키에서 '쇼핑'하면 사실 가장 먼저 떠오르는 것이 ABC 스토어에요. 간단한 식료품부터 비상약, 생필품, 기념품은 물론이고 휴대폰 충전기까지 그야말로 없는 것이 없는 만물상이죠. 게다가 와이키키에서 한 집 건너 한 집이 ABC 스토어라고 해도 과언이 아닐 만큼 매장수가 어마어마해요. 재미있는 것은 규모나 인테리어, 비치해놓은 제품들이 매장마다 조금씩 다르다는 거죠. 매장별로 세일 상품도 다르고요. 와이키키에서 필요한 것이 있다면 제일 먼저 근처 ABC 스토어부터 살펴보세요.

로얄 하와이안 센터 Royal Hawaiian Center

하와이안 기프트숍과 패션 브랜드숍, 뷰티 살롱과 푸드코트, 치즈 케이크 팩토리와 베이징 차이니즈 시푸드 레스토랑, 도라큐 스시, P.F.Chang's 등이 모여 있는 대형 쇼핑센터. 쇼핑과 식사, 엔터테인 먼트를 한 곳에서 즐길 수 있다. 워낙 규모가 커 이곳만 둘러보는 데도 반나절은 족히 걸린다. 야외무 대에서는 훌라와 우쿨렐레, 하와이안 밴드 공연은 물론이고, 그밖에도 퀼트와 레이를 만드는 강좌 등 이 진행 중에 있다. 매달 스케줄이 바뀌기 때문에 자세한 레슨 강좌는 홈페이지의 'EVENTS' 칼럼 을 참조할 것.

지도 P.103-F3 ▶ 주소 2201 Kalakaua Ave. Honolulu 전화 808-922-2299 홈페이지 www. royalhawaiiancenter.com 영업 10:00~22:00 주차 유료(매장에서 상품 구매 시 주차티켓 제시, 2시간 $2, 이후 시간당 $4) 가는 방법 Kalakaua Ave.에서 까르띠에 Cartier 매장부터 치즈케이크 팩토리 The Cheesecake Factory까지가 로얄 하와이안 센터.

KCC 파머스 마켓 KCC Farmers Market

현지인들이 집에서 재배한 바나나, 망고 등 과일이나 채소 이외에도 홈메이드 꿀 등을 판매하는 하와 이에서 가장 유명한 주말 마켓이다. 마트보다 저렴하면서도 질이 좋은 물건들이 많아 여행자보다도 현지인들이 더 열광한다. 소시지 바베큐나 스팸 무수비, 레모네이드 등 그야말로 종류와 국적을 불문 하고 누구나 먹고 즐길 수 있는 메뉴가 많으며 근처에 다이아몬드 헤드가 있다. 여행자들에겐 두 가 지를 모두 살펴볼 수 있어 일석이조인 곳이다.

지도 P.099-F4 ▶ 주소 4303 Diamond Head Rd. Honolulu 전화 808-260-4440 영업 매주 토요 일 07:30~11:00, 화요일 16:00~19:00 주차 무료(협소) 가는 방법 Kalakaua Ave.에서 호놀룰루 동물 원 Honolulu Zoo을 끼고 좌회전, Monsarrat Ave. 방향으로 직진하다 왼쪽 카피올라니 커뮤니티 칼리지 Kapiolani Community College 주차장 내 위치.

▶Plus 오아후 대표 쇼핑센터 알라모아나 센터 Ala Moana Center

알라 모아나 지역의 핵심, 알라모아나 센터는 4층 건물로 최대 규모의 종합 쇼핑몰이다. 쇼핑과 다이닝을 동시에 즐길 수 있으며 여행자와 현지인이 모두 즐겨 찾는 곳으로 항상 사람이 많고 분주하다. 2015년 11월, 에바(서쪽) 윙 확장을 통해 블루밍데일스 백화점을 포함, 레스토랑과 엔터테인먼트공간 등이 대규모 추가되었으며, 알라모아나 센터 내 푸드 코트인 마카이 마켓 Makai Market 앞에 고객 서비스 센터가 새롭게 오픈해 여행자들이 보다 편리하게 이용할 수 있도록 돕고 있다.

하와이 지역주민들의 최대 쇼핑지, 알라모아나 센터

하와이 최대 점포들이 입점해 있는 거대한 쇼핑센터. 특히 하와이는 다른 주에 비해 세금이 낮아 조금 더 저렴한 쇼핑이 가능하다. 4층 규모라고 우습게 보면 큰 코 다치는데, 그 이유는 증축·보수를 계속해 내부 면적이 굉장히 넓기 때문이다. 세계 최대의 쇼핑몰인 이곳에서 스마트하게 쇼핑하고 싶다면, 미리 쇼핑 리스트를 체크해두자. 이 쇼핑센터는 특이하게도 메이시스 Macy's, 니만 마커스 Neiman Marcus, 노드스트롬 Nordstrom, 블루밍데일스 Bloomingdale's를 비롯한 4개의 백화점이 한 건물에 있고, 레스토랑 등을 포함 340여 개의 상점이 자리 잡고 있다. 어느 브랜드가 어느 위치에 있는지 더 많이 아는 사람이 더 만족스러운 쇼핑을 할 수 있다. 엘리베이터나 에스컬레이터 앞에 있는 안내 데스크에서 매장 지도를 얻을 수 있으니 먼저 탐독 후 원하는 쇼핑 스폿 위주로 돌아다니도록 하자. 11월 마지막 주, 추수감사절, 크리스마스 시즌에는 50% 이상 파격 세일을 한다.

지도 P.106-C3 주소 1450 Ala Moana Blvd. Honolulu 전화 808-955-9517 홈페이지 www.alamoanacenter.kr(한국어 지원) 영업 월~토 09:30~21:00, 일 10:00~19:00 주차 무료 가는 방법 Kalakaua Ave.에서 알라모아나 센터 방향의 Ala Moana Blvd.로 진입. 와이키키에서 핑크 트롤리 탑승. 20~30분가량 소요되며 종착지에서 하차. Nordstrom 백화점으로 진입, 백화점 내부 2층에 e Bar 방향으로 나가면 알라모아나 센터를 만날 수 있다.

릴리하 베이커리 Liliha Bakery

가성비가 좋아 현지인들에게 인기 있는 브런치 레스토랑이 최근 메이시스 백화점에 입점했다. 68년간 하와이의 대표 디저트로 사랑 받아온 코코 퍼프는 물론이고 각종 베이커리와 프렌치 토스트, 팬케이크, 오믈렛, 김치볶음밥 등의 메뉴를 만날 수 있다. 메인 메뉴 주문 시 같이 나오는 따뜻한 식전빵 역시 놓치지 말자.

전화 808-944-4088 영업 06:30~22:00 가격 ~$30 주차 무료 가는 방법 Macy's 3층 위치.

마리포사 Mariposa

매일 2명의 제빵사가 직접 만든 '몽키 브레드'라는 식전 빵이 유명한 곳. 높은 천장 위에 오리엔탈 스타일의 팬이 달려 있어 이색적인 분위기를 풍긴다. 이탈리안 음식을 베이스로 아시안 퓨전 음식을 선보이는 곳으로, 그릴에 구운 안심 스테이크가 유명하다. 오아후 앞바다와 알라 모아나 공원을 볼 수 있는 발코니는 늘 만석이다.

전화 808-951-3420 영업 11:00~21:00 가격 런치 $6~29(랍스터 클럽 샌드위치 $29), 디너 $8~42(립 아이 스테이크 $42) 주차 무료 예약 필요 가는 방법 알라모아나 센터 Mall Level 2의 2A 방향에서 니만 마커스 Neiman Marcus 백화점 3층에 위치.

부바 검프 쉬림프 컴퍼니 Bubba Gump Shrimp Co.

포레스트 검프에서 모티브를 얻어 이름을 지은 부바 검프는 새우 요리로 유명한 곳. 미국 전역은 물론이고 홍콩과 필리핀, 발리에도 매장이 있다. 쉬림프 칵테일부터 케이준 쉬림프, 코코넛 쉬림프 등 다양한 쉬림프 메뉴가 있으며 매장 내 영화를 모티브로 한 다양한 인테리어가 눈길을 끈다.

전화 808-949-4867 홈페이지 www.bubbagump.com 영업 일~목 10:30~22:00, 금~토 10:30~23:00(해피 아워 일~월 21:00~마감 시) 가격 $4.99~23.99(오브 코스 위 해브 스캄피 $19.29) 주차 무료 가는 방법 알라모아나 센터 Upper level 4에 위치.

앤스로폴로지 Anthropologie

에스닉 스타일의 여성과 인테리어 소품을 함께 판매하는 개성 만점의 숍. 요리와 패션, 리빙에 관심 많은 이들이라면 이곳에 들어서는 순간 시간을 잊게 될 만큼 매력적인 아이템이 가득하다. 화려하게 프린트된 그릇과 다양한 일러스트가 그려진 키친타월이 눈에 띄며, 매장 안쪽에는 세일 상품을 모아 놓았으니 놓치지 말자.

주소 1450 Ala Moana Blvd. Honolulu 전화 808-946-6302 홈페이지 www.anthropologie.com 영업 월-금 09:30~21:00, 일 10:00~19:00 주차 무료 가는 방법 알라모아나 센터 3층 중앙에 위치.

바스 앤 바디 웍스
Bath and Body Works

센스 있는 이들이라면 꼭 들르는 바디숍 중 하나다. 다양한 향의 바디 워시와 핸드 숍, 미니 사이즈의 손 세정제, 빅 사이즈의 향초가 유명한 곳. 지인들 선물을 구입하기에도 안성맞춤이다. 하나를 사면 하나 더 주는 'Buy 1 Get 1 free' 행사를 자주 열고 있다.

주소 1450 Ala Moana Blvd. Honolulu 전화 808-946-8020 홈페이지 www.bathandbodyworks.com 영업 월-금 09:30~21:00, 일 10:00~19:00 주차 무료 가는 방법 알라모아나 센터 2층, 중앙무대에서 Macy's 가는 길 왼쪽.

테드 베이커 런던
Ted Baker London

세련된 디자인의 남성복과 여성복, 러블리한 액세서리를 만날 수 있는 브랜드. 알라모아나 센터 확장공사를 통해 하와이에 첫 선을 보였다. 감각적인 런더너의 센스를 엿볼 수 있는데, 무엇보다 과하지 않은 디테일과 고퀄리티의 옷감이 테드 베이커의 상징이다. 아직 한국에는 매장이 없으니 알라모아나 센터를 쇼핑할 때 들러보면 좋다.

주소 1450 Ala Moana Blvd. Honolulu 전화 808-951-8535 영업 월-토 09:30~21:00, 일 10:00~19:00 주차 무료 가는 방법 알라모아나 센터 내 서쪽 방향에 위치. Upper Level 2에 위치.

알라 모아나

사우스 쇼어 마켓
South Shore Market

하와이에서 가장 스타일리시한 쇼핑 센터로 로컬 디자이너들의 의상을 만날 수 있는 카메론 하와이 Cameron Hawaii, 2030 여성들의 마음을 사로잡을 만한 감각적인 아트 상품이 모여 있는 에덴 인 러브 Eden in Love, 리빙 제품들이 모여 있는 피쉬마켓 Fishmarket 등이 입점해 있다. 감각적인 내부 인테리어 덕분에 사진을 촬영하기에도 안성맞춤이다.

지도 P.106-B4 주소 1170 Auahi St, Honolulu 전화 808-591-8411 홈페이지 www.wardvillage. com/editorials/ko-ula-a-welcome-home 영업 월~목 10:00~21:00, 금~토 10:00~23:00, 일 10:00~18:00 주차 무료 가는 방법 알라모아나 센터에서 19번 버스 탑승. Ala Moana Bl+Queen St에서 하차, 도보 1분.

돈키호테 Don Quijote

일본의 유명 대형 마트 돈키호테를 하와이에서도 만날 수 있다. 여행자들 사이에서는 초콜릿과 커피, 마카다미아 너트를 구입하는 장소로 유명하다. 24시간 영업해 시간 제약 없이 쇼핑할 수 있다.

지도 P.107-D2 주소 801 Kaheka St. Honolulu 전화 808-973-6661 영업 24시간 주차 무료 가는 방법 Kalakaua Ave.에서 와이키키 반대 방향으로 직진, 왼쪽 Makaloa St.로 좌회전 후 Kaheka St.로 우회전.

월마트 Wallmart

영양제와 초콜릿, 커피 등의 선물을 마련하기 좋은 곳으로, 와이키키 내 ABC 스토어보다 저렴하게 구입할 수 있다. 카시트, 유모차 등 육아용품도 저렴한 가격으로 구입할 수 있다. 24시간 영업하는 점도 여행객들이 이곳을 찾는 이유다.

지도 P.106-C2 주소 700 Keeaumoku St. Honolulu 전화 808-955-8441 홈페이지 www. walmart.com 영업 24시간 주차 무료 가는 방법 Kalakaua Ave.에서 알라모아나 센터 방향의 Kapiolani Blvd.로 진입, 오른쪽 Keeaumoku St.로 우회전.

티제이 맥스 T.J.maxx

저렴한 쇼핑몰 가운데 하나로 운이 좋으면 저렴한 가격에 랄프 로렌,나 타미힐피거, 폴로 제품을 구매할 수 있으며 디, 씨 바이 클로에, 레베카 테일러 등의 명품 역시 50% 이상 인하된 가격에 만날 수 있다. 의류뿐 아니라 신발, 가방과 주방용품, 아이들 장난감 등이 모두 모여 있다.

지도 P.106-B4 주소 1170 Auahi St. Ste 200 Honolulu 전화 808-593-1820 홈페이지 tjmaxx.tjx.com 영업 월~토 09:00~22:00, 일 10:00~20:00 주차 무료 가는 방법 Kalakaua Ave.에서 알라모아나 센터 방향의 Ala Moana Blvd.로 진입. 직진 후 오른쪽 Queen St.로 우회전 후 Auahi St.로 좌회전. Nordstorm Rack 옆에 위치.

카일루아~카네오헤

카할라 몰 Kahala Mall

와이키키에서 차를 타고 동쪽으로 25분 정도 달리면 고급 주택가인 카할라 지구에 위치한 대형 쇼핑몰이 나온다. 입지 조건 때문인지 세련된 분위기의 여유가 넘치는 쇼핑몰로, 메이시스 Macy's 백화점을 끼고 있으며 레스토랑과 카페 등이 입점되어 있다. 그중에서도 홀 푸드 Whole Foods 는 고급 마트로, 구경하는 재미가 있다. 마트 내에 뷔페식 푸드 코트와 디저트 카페도 있어, 계산 후 마트 밖에 마련된 테이블에서 간단한 식사가 가능하다. 주방용품에 관심이 많다면 컴플리트 키친 The Compleat Kitchen 도 놓치지 말자. 그밖에도 다양한 패션숍과 극장 등이 있으며, 최근 크레페 전문점인 크레페스 노 카 오이 Crepes No Ka Oi 와 무수비 전문점으로 유명한 이야스메 무수비 Iyasme Musubi 가 입점했다.

지도 P.099-F4 ▶ 주소 4211 Waialae Ave. Honolulu 전화 808-732-7736 영업 월~토 10:00~21:00, 일 10:00~18:00 주차 무료 가는 방법 와이키키에서 22번 버스 탑승 후 Kalakaua Ave+S King St에서 하차. 도보 2분.

솔트 앳 아우어 카카아코 Salt at Our kakaako

최근 알라모아나 지역에서 떠오르는 쇼핑 명소다. 곳곳에 컨테이너 모양을 한 건물들이 눈길을 끈다. 인기 있는 매장은 아르보 Arvo , 모닝 브루 Morning Brew 등의 카페와 모쿠 Moku , 파이어니어 살롱 Pioneer Salon 등의 레스토랑이다. 그밖에 디저트 가게나 로컬 디자이너들의 패션 매장이 모여있을 뿐 아니라 요가 클래스나 무료 공연 등 각종 문화 행사도 열린다.

지도 P.107-C4 ▶ 주소 691 Auahi St, Honolulu 전화 808-260-5692 영업 10:00~21:00 주차 1시간 무료 (계산 시 티켓 제시, 이후 2~3시간은 시간당 $1~3, 이후 시간당 $6) 가는 방법 알라모아나 센터에서 19번 탑승 후 Ala Moana Bl+Coral St 에서 하차. 도보 1분.

진주만

알로하 스타디움 & 스왑 미트 Aloha Stadium & Swap Meet

미국에서 최대 미식축구 경기가 열리는 알로하 스타디움이지만 수·토·일요일에는 현지인들의 사랑
을 받는 벼룩시장이 열린다. 명품 쇼핑과 비교할 수 없지만 나름대로 소박한 장터로 우쿨렐레는 물론
이고 와이키키 시내의 ABC 스토어보다 훨씬 저렴한 가격으로 기념품을 구입할 수 있다. 이곳에서라
면 가격흥정도 해볼 만하다.

지도 P.097-D3 ▶ 주소 99-500 Salt Lake Blvd. Aiea 전화 808-486-6704 영업 수·토 08:00~15:00, 일
06:30~15:00 주차 유료(차량 탑승 인원당 $1) 가는 방법 와이키키에서 42번 버스 탑승. Kamehameha
Hwy+Salt Lake Bl.에 하차, 도보 7분, 와이키키 트롤리 퍼플 라인 하차(매주 수, 토, 일요일만 운행)

와이켈레 프리미엄 아웃렛 Waikele Premium Outlet

하와이에서 가장 규모가 큰 아웃렛으로 와
이켈레 프리미엄 아웃렛에서는 코치 팩토
리와 타미 힐피거, 폴로 랄프 로렌, 크록스,
리바이스, 아르마니 익스체인지, 마이클 코
어스, 바나나 리퍼블릭, 트루 릴리전, 짐보
리, DKNY, 케이트 스페이드, 어그 등의 브
랜드를 30~50% 할인된 가격으로 구입
할 수 있다. 만약 명품을 저렴하게 구입하
고 싶다면 백화점의 아웃렛 형태인 Sak'
s Fifth Avenue나 Barney's New York
매장을 둘러보는 것도 좋다. 운이 좋으면

지갑이나 시계, 구두 등 명품 제품을 저렴한 가격에 구입할 수 있다.
이곳에서 쇼핑을 마치고 무료 트롤리를 이용해 도로 건너편의 와이켈레 센터에 내려가면 GAP 팩토
리, 브룩스 브라더스 등의 매장과 함께 레스토랑, 스타벅스 등이 있다. 안내 데스크에서 쿠폰을 $5에
판매하며, 홈페이지에서 회원 가입을 하면 무료로 쿠폰 교환권 출력이 가능하다.

지도 P.096-C3 ▶ 주소 94-790 Lumiaina St. Waipahu 전화 808-676-5656 홈페이지 www.
premiumoutlets.com 영업 월~토 09:00~21:00, 일 10:00~18:00(입점 매장마다 다름) 주차 무료 가는 방
법 와이키키에서 E번 버스 탑승. Paiwa St+Hiapo St에서 하차. 도보 15분.

HOTEL
오아후의 숙소

오아후 섬의 중심인 와이키키는 식사와 쇼핑, 엔터테인먼트와 해양스포츠가 밀집되어 있는 곳인 만큼 호텔의 종류도 다양하다. 와이키키 메인 스트리트인 칼라카우아 애비뉴 Kalakaua Ave.와 북쪽의 쿠히오 애비뉴 Kuhio Ave. 주변에 호텔들이 모여 있는데, 만약 와이키키의 복잡한 시내를 원하지 않는다면 골프 코스와 놀이 시설을 갖춘 북부의 노스 쇼어나 서부의 코 올리나의 대형 리조트로 눈을 돌려보자. 우리나라에선 유명 연예인이 비밀 결혼식을 치러 유명해진 카할라의 고급 리조트도 있다(호텔 숙박 요금은 2019년 6월 기준. 1박, 택스와 조식 불포함 요금이다. 참고로 하와이는 호텔마다 시즌별로 가격 차이가 심한 편이다).

Plus 호텔을 결정하기 전 알아두면 좋은 정보

1 와이키키의 호텔은 숙박요금 외에도 별도의 리조트 요금이라는 것이 있어요. 이는 와이키키 호텔 내에서 리조트와 같은 서비스를 받을 수 있다는 데서 추가된 요금으로 1박당 $30~40씩 붙기도 합니다. 리조트 요금에는 주차비나 인터넷 사용료, 풀장 사용료 등 각 호텔마다 조금씩 다르긴 하지만 투숙객들에게 꼭 필요한 서비스를 포함시켜 놓았으며, 이 리조트 요금은 무조건 부과됩니다.

2 호텔마다 차이가 있지만 대부분 체크인은 15:00 이후, 체크아웃은 11:00~12:00 사이에요.

3 와이키키 내 호텔의 객실은 '뷰'에 따라 룸 타입이 나눠져요. 도로 쪽이 보이는 시티뷰 City View, 산이 보이는 마운틴뷰 Mountain View 이외에도 오션뷰는 종류가 다양하죠. 바닷가가 객실 발코니에서 30% 정도만 보이면 파샬오션뷰 Partial Ocean View, 50% 정도 보이면 오션뷰, 100% 가깝게 보이면 오션프런트뷰 Ocean Front View로 나뉘어져 있답니다. 이 뷰에 따라서도 금액이 달라집니다.

4 하와이의 호텔은 대부분 오래된 곳이 많아요. 리노베이션을 하고 있지만 간혹 가격 대비 호텔 시설이나 객실 상태에 실망할 수도 있답니다. 그럴 땐 hotels.com으로 가격대에 맞는 호텔을 찾아본 뒤 www.tripadvisor.co.kr를 통해 전 세계 여행자들이 올려놓은 호텔 사진과 댓글을 보고 결정하는 것도 도움이 될 수 있어요.

5 대한항공, 아시아나 항공, 하와이안 항공에 진에어까지! 비행 편수는 늘어난 것에 반해 호텔 예약은 늘 어려워요. 하와이로 오는 여행자들은 대부분 6개월 전에 호텔 예약을 끝내기 때문이죠. 하와이만큼 호텔이 많아도 '방이 부족하다'는 이야기를 듣는 곳도 많지 않아요. 미리 예약해야 원하는 호텔에 묵을 수 있다는 점을 기억해두세요.

6 렌터카로 투어를 할 예정이라면 호텔 주차료를 확인하세요. 대부분 하루 $20~30로 주차비가 따로 부과됩니다. 고급 호텔은 발렛 파킹만 가능한 경우도 있어요. 숙박하는 곳에 따라 주차비, 인터넷 사용료, 전화 등을 묶어서 비용을 따로 지불해야 하는 곳도 있으니 꼭 확인하세요.

7 연인, 신혼여행이 아닌 가족여행을 계획하고 있다면 객실 내에서 취사가 가능한 콘도미니엄도 좋아요. 콘도미니엄으로는 트럼프, 애스톤 와이키키 선셋, 애스톤 앳 더 와이키키 반얀 등이 있어요.

모아나 서프라이더 웨스틴 리조트 & 스파
Moana Surfrider A Westin Resort & Spa

1901년에 오픈한 역사 깊은 호텔. 와이키키의 랜드 마크이기도 한 하얀 외관은 고급스러운 이미지마저 풍긴다. 호텔 곳곳에 역사적인 전시품이 진열되어 있어 마치 박물관에 온 것 같은 착각을 불러일으킨다. 대다수의 객실이 와이키키 해변이 보이는 오션뷰로 헤븐리 베드가 설치되어 있어 숙면을 보장한다. 또 리조트 요금에 포함된 것으로는 아쿠아 에어로빅 클래스와 15분가량의 기초 서핑 레슨, 전문 포토그래퍼의 사진 촬영과 기념사진 1회(4x6 사이즈) 서비스 등이 다양하게 있다. 뿐만 아니라 국제전화는 1일 60분까지, 시내 통화는 무제한 무료. 장기 투숙객을 위한 코인 세탁실을 갖추고 있다.

지도 P.104-B3 ▶ 주소 2365 Kalakaua Ave. Honolulu 전화 808-922-3111 홈페이지 www.moana-surfrider.com 숙박 요금 $312~ 리조트 요금 $37.70(1박) 인터넷 무료 주차 유료(셀프 1박 $35, 밸렛 1박 $45) 가는 방법 호놀룰루 국제공항에서 HI-92 E에 진입, 24A Exit(Bimgham St.)로 나와 McCcully St.가 나올 때까지 직진 후 우회전, 다시 Kalakaua Ave.를 끼고 좌회전 후 직진.

로얄 하와이안 ## Royal Hawaiian

1927년 와이키키에서 두 번째로 럭셔리한 호텔로 오픈, 스페인 무어 건축 양식으로 지은 코럴 핑크색의 호텔로 '태평양의 핑크 팰리스'라고 불리기도 한다. 와이키키에서 유일하게 호텔 전용 비치 구역이 있으며 핑크 파라솔이 상징적이다. 뿐만 아니라 객실 내 제품도 핑크색인데, 그 이유는 호텔의 창업주가 지인의 핑크 컬러 별장에 감동을 받았기 때문. 리조트 내 마이타이 바는 오리지널 마이타이 칵테일을 맛볼 수 있으며 호텔 내 레스토랑에서 성인 1인 식사 시 12세 미만 아동의 식사는 무료. 호텔 내 하와이안 퀼트와 우쿨렐레 & 훌라 레슨, 역사탐방 투어 등의 액티비티가 있으며, 전문 포토그래퍼의 사진 촬영과 기념사진 1회(4X6 사이즈) 서비스가 무료다. 바나나 넛 브레드가 서비스로 제공되며, 24시간 룸 서비스 이용이 가능하다. 체크인 전이나 체크아웃 이후 호텔의 부대 시설을 편하게 이용할 수 있는 호스피탈리티 서비스가 제공된다.

지도 P.104-B3 ▶ 주소 2259 Kalakaua Ave. Honolulu 전화 808-923-7311 홈페이지 kr.royal-hawaiian.com 숙박 요금 $316~ 리조트 요금 $38 (1박) 인터넷 무료 주차 유료(밸렛 $40) 가는 방법 호놀룰루 국제공항에서 HI-92 E에 진입, 24A Exit(Bimgham St.)로 나와 McCully St.가 나올 때까지 직진 후 우회전, 다시 Kalakaua Ave.를 끼고 좌회전 후 직진. Lewers St. 다음 골목에서 우회전.

쉐라톤 와이키키 Sheraton Waikiki

거대한 규모를 자랑하는 와이키키 해변의 고층 호텔. 오션뷰 객실이 많고 쇼핑하기에도 좋은 위치에 자리 잡고 있다. 훌라부터 요가 아쿠아틱스, 우쿨렐레, 조개 공예 등 하와이만의 전통 클래스가 준비되어 있어 리조트 안에서도 지루할 틈이 없다. 특히 쉐라톤에서만 경험할 수 있는 인피니티 에지 풀은 16세 이상만 이용할 수 있는 풀장으로 해수면과 가까워 마치 바다 위에서 수영하는 듯한 착각마저 불러일으킨다. 시간에 따라 얼린 과일 등 약간의 먹거리도 제공된다. 체크인 시 액션 카메라인 고프로(GoPro) 대여가 가능하다.

지도 P.104-A4 **주소** 2255 Kalakaua Ave. Honolulu **전화** 808-922-4422 **홈페이지** kr.sheraton-waikiki.com **숙박 요금** $275~ **리조트 요금** $37.70(1박) **인터넷** 무료 **주차** 셀프 1박 $35, 발렛 1박 $45 **가는 방법** 호놀룰루 국제공항에서 HI-92 E에 진입, 24A Exit(Bimgham St.)로 나와 McCully St.가 나올 때까지 직진 후 우회전, 다시 Kalakaua Ave.를 끼고 좌회전 후 직진.

할레쿨라니 Halekulani

하와이어로 '천국에 어울리는 호텔'이라는 뜻의 이름을 가진 호텔. 1907년에 문을 연 이후 지금까지 명성을 이어오고 있다. 인테리어 혹은 외관의 모습보다 가격 대비 세심한 서비스로 항상 일급 평가를 받아오고 있다. 특히 호텔에 도착하면 프론트 데스크가 아닌 객실에서 체크인을 할 수 있고, 객실마다 담당 버틀러 서비스가 있는 등 최고급 서비스를 경험할 수 있다.

지도 P.103-E4 **주소** 2199 Kalia Rd. Honolulu **전화** 844-288-8022 **홈페이지** www.halekulani.com **숙박 요금** $575~ **리조트 요금** 없음 **인터넷** 무료 **주차** 유료(셀프 혹은 발렛 1박 $39) **가는 방법** 호놀룰루 국제공항에서 HI-92 E에 진입, 24A Exit(Bimgham St.)로 나와 McCully St.가 나올 때까지 직진 후 우회전, 다시 Kalakaua Ave.를 끼고 좌회전 후 직진. 오른쪽에 Beach Walk 방향으로 우회전 후 다시 Kalia Rd. 방향으로 좌회전.

더 카할라 호텔 & 리조트
The Kahala Hotel & Resort

고급 주택지인 카할라에 있는 최고급 호텔. 인적이 드문 모래사장이 매력적이다. 와이키키 해변과는 차로 약 15분 정도 떨어져 있다. 역대 대통령과 세계 유명 인사들이 묵었던 곳이며, 국내 유명 연예인도 이곳에서 결혼한 것으로 유명하다. 무엇보다 돌고래를 직접 체험할 수 있는 돌핀퀘스트와 스파 스위트 등이 유명하다.

지도 P.097-E4 **주소** 5000 Kahala Ave. Honolulu **전화** 808-739-8888 **홈페이지** www.kahalaresort.com **숙박 요금** $425~ **리조트 요금** 없음 **인터넷** 무료 **주차** 유료(셀프 또는 발렛 $35) **가는 방법** 호놀룰루 국제공항에서 HI-92 E에 진입, 오른쪽에 26B Exit로 나와 직진하다 Kilauea Ave.에서 우회전. Makaiwa St.를 끼고 좌회전 후, 다시 Moho St. 방향으로 우회전. Kealaou Ave. 방향으로 직진.

트럼프 인터내셔널 호텔-와이키키 비치 워크
Trump International Hotel-Waikiki Beach Walk

미국 45대 대통령이자 부동산 재벌 도널드 트럼프의 이름을 딴 곳으로 와이키키의 최고급 호텔 중 하나다. 다른 호텔과 달리 6층에 메인 로비가 위치해 있으며 객실은 이탈리아 대리석을 사용한 욕실과 고급스러운 화강암 싱크대가 눈에 띈다. 각 객실마다 주방시설이 갖춰져 있는 것이 포인트인데 주방용품도 세계적인 브랜드인 '서브제로', '울프', '보쉬' 등으로 최고급 제품만을 들여놓았으며 숙박 전 미리 요청하면 식재료 등을 마켓의 가격으로 대리 구입해주는 아타쉐Attache 서비스도 진행하고 있다. 특히 와이키키 해변에 가려는 투숙객을 위해 타월과 과일, 물이 들어있는 비치백 서비스를 제공해 서비스의 품질을 높였다. 1층의 비엘티 스테이크 레스토랑BLT Steak Restaurant 역시 유명하다.

지도 P.103-D3 **주소** 223 Saratoga Rd. Honolulu **전화** 808-683-7777 **홈페이지** www.trumphotelcollection.com/ko/waikiki **숙박 요금** $444~ **리조트 요금** 없음 **인터넷** 무료 **주차** 유료(발렛 1박 $34) **가는 방법** 호놀룰루 국제공항에서 HI-92 E에 진입, 오른쪽 McCully St.에서 우회전,11번 Fwy.를 타고 직진, 24A Exit(Bimgham St.)로 나와 McCully St.가 나올 때까지 직진 후 우회전, 다시 Kalakaua Ave.를 끼고 좌회전 후 직진. 오른쪽 Saratoga Rd. 방향으로 우회전.

하얏트 리젠시 와이키키 비치 리조트 & 스파 Hyatt Regency Waikiki Beach Resort & Spa

40층짜리 쌍둥이 빌딩이 인상적인 이곳은 현재 60여 개의 부티크가 입점해 있는 쇼핑 천국. 40층 꼭대기의 수영장과 자쿠지, 선탠 시설이 훌륭하다. 1층에서는 매주 금요일 16:30~18:00에 폴리네시안 쇼와 함께 훌라 댄스, 레이 만들기, 사모아인들의 파이어 댄스 등을 즐길 수 있다.

지도 P.104-C2 ▶ 주소 2424 Kalakaua Ave. Honolulu HI 96815 전화 808-923-1234 홈페이지 waikiki.hyatt. com 숙박 요금 $190~ 리조트 요금 $37(1박) 인터넷 무료 주차 유료(셀프 1박 $40, 발렛 1박 $35) 가는 방법 호놀룰루 국제공항에서 HI-92 E에 진입, 24A Exit(Bimgham St.)로 나와 McCully St.가 나올 때까지 직진 후 우회전, 다시 Kalakaua Ave.를 끼고 좌회전 후 직진.

더 모던 호놀룰루 The Modern Honolulu

2010년 10월에 오픈한 부티크 리조트로 와이키키 에디션에서 더 모던 호놀룰루로 이름을 변경했다. 하와이 대부분의 호텔이 클래식한 분위기라면, 이곳은 이름에 맞게 감각적인 실내 인테리어가 만족도를 높인다. 특히 주말이면 호텔 내 클럽인 어딕션은 핫한 사람들로 붐빌 정도. 와이키키와는 약간 떨어져 있으나 대신 알라모아나 센터는 도보가 가능할 만큼 가깝다.

지도 P.107-E3 ▶ 주소 1775 Ala Moana Blvd. Honolulu 전화 808-943-5800 홈페이지 www. themodernhonolulu.com 숙박 요금 $284.29~ 리조트 요금 $30(1박) 인터넷 무료 주차 유료(1박 발렛 $35) 가는 방법 호놀룰루 국제공항에서 HI-92 E에 진입. 우측으로 차선 유지하며 직진하면 오른쪽 위치.

힐튼 하와이안 빌리지 와이키키 비치 리조트 Hilton Hawaiian Village Waikiki Beach Resort

리조트 내에 18개의 레스토랑과 카페, 루이비통 등의 명품 매장과 ABC 스토어까지 그야말로 없는 게 없는 곳이다. 복합 리조트로 알리, 레인보우, 빌리지, 타파 등 총 5개의 차별화된 타워로 구성되어 있다. 훌라, 스노클링 등 매일 각종 프로그램이 있으며 5개의 수영장뿐 아니라 해수 라군을 끼고 있어 프라이빗한 휴가를 즐기기 좋다. 매주 금요일 저녁에 불꽃놀이가 펼쳐지는 곳으로도 유명하다.

지도 P.102-A4 ▶ 주소 2005 Kalia Rd. Honolulu 전화 808-949-4321 홈페이지 www.hiltonhawaiian village. com 숙박 요금 $250~ 리조트 요금 $40(1박) 인터넷 무료 주차 유료(셀프 1박 $43, 발렛 1박 $50) 가는 방법 호놀룰루 국제공항에서 HI-92 E에 진입. 우측으로 차선 유지 후 Kalia Rd.를 끼고 우회전하면 오른쪽 위치.

와이키키 비치 메리어트 리조트 & 스파
Waikiki Beach Marriott Resort & Spa

25층과 33층, 두 개의 타워로 구성된 곳으로 와이키키 해변을 바라보는 오션뷰와 다이아몬드 헤드 쪽을 바라보는 마운틴뷰가 유명하다. 수영장의 규모가 작긴 하나 길만 건너면 바로 와이키키 해변을 마주할 수 있어 여가를 즐기는 데 부족함이 없다. 1층에 쇼핑몰이 있으며 특히 이탈리안 레스토랑인 '아란치노 디 마레'가 유명하다. 또한 객실 내 욕실과 세면대가 분리되어 있어 편리하다.

지도 P.105-E2 ▶ 주소 2552 Kalakaua Ave. Honolulu 전화 808-922-6611 홈페이지 www.marriott.com 숙박 요금 $239~ 리조트 요금 $37(1박) 인터넷 무료 주차 유료(셀프 1박 $45, 발렛 1박 $50) 가는 방법 호놀룰루 국제공항에서 HI-92 E에 진입, 24A Exit(Bimgham St.)로 나와 McCully St.가 나올 때까지 직진 후 우회전, 다시 Kalakaua Ave.를 끼고 좌회전 후 직진. 쿠히오 비치 파크 Kuhio Beach Park 건너편에 위치.

아울라니-디즈니 리조트 & 스파 Aulani-A Disney Resort & Spa

오아후 서쪽에 위치해 와이키키와는 다소 거리가 있지만 한적한 곳에서 여유로운 휴가를 즐기고 싶다면 이곳을 추천한다. 디즈니 리조트라 아기자기한 인테리어를 기대했다면 다소 실망할 수도 있다. 하지만 비교적 최근에 지어져 객실이 깨끗하며, 워터 슬라이드와 스노클링이 가능한 레인보우 리프(추가 요금 $10) 등 놀거리가 모여 있는 워터파크가 압권이다. 레스토랑이 두 군데뿐이라 예약은 필수이며, 아이와 함께라면 마카히키 Makahiki 레스토랑에서 디즈니 캐릭터와 함께 하는 조식 뷔페를 놓치지 말자. 그밖에도 아이들을 위한 즐길 거리가 가득하다.

지도 P.096-B3 ▶ 주소 92-1185 Ali'Inui Dr. Kapolei 전화 808-674-6200 홈페이지 resorts.disney.go.com 숙박 요금 $494~ 리조트 요금 없음 인터넷 무료 주차 유료(셀프 1박 $37, 발렛 1박 $37) 가는 방법 호놀룰루 국제공항에서 HI-92 E에 진입, 93번 Farrington Hwy.로 진입 후 다시 Ali'Inui Dr. 방향으로 직진.

아웃리거 리프 온 더 비치
Outrigger Reef On The Beach

아웃리거 그룹이 운영하는 특급 호텔로 하와이 전통과 모던한 스타일이 공존하는 호텔. 야외 로비나 정면에 바다가 펼쳐져 환상적인 뷰를 선사한다. 최근 가격대에 따라 선택 가능한 와이키키 베케이션 패키지를 운영해 이슈가 되고 있다. 또한 아웃리거 카누 하우스에서부터 신비로운 해저 사진 등 희귀한 하와이 미술 컬렉션을 모든 객실에 배치, 바다의 정신을 구현했다. 레이 만들기, 훌라 레슨, 우쿨렐레 레슨 등 매일 다채로운 컬쳐 액티비티가 펼쳐진다.

지도 P.104-B3 주소 2169 Kalia Rd. Honolulu 전화 808-923-3111 홈페이지 www.outriggerreef-onthebeach.com 숙박 요금 $269~ 리조트 요금 $35(1박) 인터넷 공용장소에서만 무료 주차 유료(발렛 1박 $40) 가는 방법 호놀룰루 국제공항에서 1HI-92 E에 진입. 24A Exit(Bimgham St.)로 나와 McCully St.가 나올 때까지 직진 후 우회전, 다시 Kalakaua Ave.를 끼고 좌회전 후 직진. 오른쪽에 Beach Walk 방향으로 우회전 후 다시 Kalia Rd. 방향으로 우회전.

터틀 베이 리조트 Turtle Bay Resort

와이키키에서 40분가량 차로 이동해야 하는 노스 쇼어에 위치해 있어 조용하게 휴가를 즐기고 싶은 사람들에게 좋다. 사실 이곳은 리조트보다 골프장으로 더 유명한데 1992년 아놀드 파머가 오픈한 아놀드 파머 코스와 1972년 죠지 파지오가 만든 파지오 코스가 있다. 두 코스에서 PGA 터틀 베이 챔피언쉽 경기와 LPGA투어 SBS 오픈이 TV로 중계되면서 널리 알려졌다. 로비 바로 앞에 비치가 위치해 있으며 와이키키의 호텔보다 넓은 풀장을 자랑한다.

지도 P.096-C1 주소 57-091 Kamehameha Hwy. Kahuku 전화 808-293-6000 홈페이지 www.turtlebayresort.com 숙박 요금 $399~ 리조트 요금 $48.17(1박) 인터넷 무료 주차 유료(셀프 $15, 발렛 $20) 가는 방법 호놀룰루 국제공항에서 HI-92 W에서 I-H-1W에 진입, HI-99N방면으로 직진하다 8번 출구로 진출. HI-99N방면으로 직진하다 HI-83을 이용해 Kawela Bay 방향으로 직진. Kuilima Dr.를 끼고 좌회전.

하얏트 센트릭 와이키키 비치
Hayatt Centric Waikiki Beach

최근에 오픈한 호텔로 모던하고 감각적인 인테리어가 눈에 띈다. 와이키키 뒷골목에 자리하지만 쇼핑하기 최적화된 장소로 백화점 아웃렛인 노드스트롬 랙과 연결되어 있으며, 인터네셔널 마켓 플레이스와 로스가 도보 2~3분 거리에 있다.

지도 P.104-A2 ▶ 주소 2349 Seaside Ave. Honolulu 전화 808-237-1234 홈페이지 www. hyatt.com/ko-KR/hotel/hawaii/hyatt-centric-waikiki-beach/hnlct 숙박 요금 $209~ 리조트 요금 $29 인터넷 무료 주차 유료(셀프 또는 발렛 1박 $39) 가는 방법 호놀룰루 국제공항에서 I-H-1E에 진입한 뒤 Hi-92E에 합류해 직진한다. Kalakaua Ave.를 끼고 우회전 후 Seaside Ave.를 끼고 좌회전하면 오른쪽에 위치.

일리카이 호텔 & 럭셔리 스위트
Ilikai Hotel & Luxury Suites

〈하와이 파이브-오〉라는 TV쇼의 오프닝 촬영지로 유명해진 이 호텔은 와이키키 비치 끝, 알라와이 요트 마리나에 자리하고 있다. 호텔은 객실과 콘도미니엄 아파트로 나뉘어져 있으며, 알라모아나 센터와 가깝다. 다른 호텔에 비해 객실이 넓은 편이며, 특히 디럭스 룸의 경우 간이 부엌이 잘 되어 있어 가족 여행에 적합하다.

지도 P.107-E3 ▶ 주소 1777 Ala Moana Blvd. Honolulu 전화 808-954-7417 홈페이지 www. ilikaihotel.com 숙박 요금 $233~ 리조트 요금 $25~(1박) 인터넷 무료 주차 유료(발렛 1박 $28) 가는 방법 호놀룰루 국제공항에서 HI-92 E에 진입. 우측으로 차선 유지하며 직진하면 오른쪽 위치.

애스톤 와이키키 비치 호텔
Aston Waikiki Beach Hotel

최근에 리노베이션을 마쳐 객실 상태가 깔끔하다. 수영장 옆 조식 레스토랑이 크지 않아 객실 내 비치된 비치백에 과일과 음료, 시리얼 등을 따로 준비해 준다. 아침마다 조식 레스토랑에서 라이브로 벌어지는 뮤직과 댄스는 이곳만의 볼거리이기도 하다. 투숙객들에게 1회 DVD를 대여할 수 있는

쿠폰이 제공된다. 아이들은 체크인 시 기프트 세트를 받을 수 있다.

지도 P.105-F3 ▶ 주소 2570 Kalakaua Ave. Honolulu 전화 808-922-2511 홈페이지 www. astonwaikikibeach.com 숙박 요금 $209~ 리조트 요금 $25(1박) 인터넷 무료 주차 유료(발렛 1박 $30) 가는 방법 호놀룰루 국제공항에서 HI-92 E에 진입. 24A Exit(Bimgham St.)로 나와 McCully St.가 나올 때까지 직진 후 우회전, 다시 Kalakaua Ave.를 끼고 좌회전 후 직진. 쿠히오 비치 파크 Kuhio Beach Park 건너편에 위치.

알로힐라니 리조트 Alohilani Resort

2018년 5월 오픈한 호텔로 최고급 시설을 자랑한다. 쿠히오 비치와 와이키키 비치를 마주하고 있는 위치로 여행자들에게 지리적으로 편리하다. 빛나는 수상 경력을 자랑하는 데이비드 로크웰 David Rockwell이 디자인해 로비와 객실, 편의시설들은 모던하면서도 세련된 분위기를 자아낸다. 성인들을 위한 인피니티 풀과 어린이 수영장이 마련되어 있어 가족 여행객에게 인기가 많으며, 예술적이면서도 섬세한 분위기 덕분에 음악, 패션 등 문화 및 예술 분야에서 활동하는 인플루언서들이 즐겨 찾는다. 다른 리조트에 비해 넓은 객실과 발코니가 특징이며 콘데 나스트 트래블러 리더스 초이스 어워드와 USA 투데이 10 베스트 리더스 초이스 트래블 어워드의 최고 신축 호텔 부문에서 수상한 바 있다.

지도 P.105-E2 **주소** 2490 kalakaua Ave, Honolulu **전화** 808-922-1233 **홈페이지** kr.alohilaniresort. com **숙박 요금** $313~ **리조트 요금** $40(1박) **인터넷** 무료 **주차** 유료(셀프 1박 $35, 밸럿 1박 $42) **가는 방법** 호놀룰루 국제 공항에서 HI-92 E에 진입, 우측 차선을 유지하며 직진 후 Kalakaua Ave.를 끼고 좌회전. 맥도날드 지나자마자 오른쪽에 위치.

> **Tip**
> 최근 와이키키 인근에는 가성비 높고 새로 리노베이션해 깔끔한 호텔들이 인기를 얻고 있어요. 규모가 작고 와이키키 비치에서 살짝 떨어져있는 대신, 내부에 팬시한 카페가 입점해 있거나 개성 강한 객실 인테리어를 자랑하고 있죠. 더 레이로우 오토그라피 컬렉션 The Laylow Autography Collection, 힐튼 가든 인 와이키키 비치 Hilton Garden Inn Beach, 서프잭 호텔 & 스윔 클럽 Surf Jack & Swim Club, 퀸 카피올라니 호텔 Queen Kapiolani Hotel 등이 대표적이랍니다.

파크 쇼어 와이키키
Park Shore Waikiki

와이키키 해변 끝 쪽, 호놀룰루 동물원과 퀸 카
피올라니 공원 근처에 위치해 있다. 최근 리노
베이션을 마친 곳으로 무엇보다 이곳의 장점은
룰루스 와이키키와 일식당 요시츠네로 조식 레
스토랑이 두 곳이라는 점. 또, 매일 아침 로비에
서 커피와 구아바 주스가 무료로 제공된다.

지도 P.105-F3 　주소 2586 Kalakaua Ave.
Honolulu 전화 808-954-7426 홈페이지 www.
parkshorewaikiki.com 숙박 요금 $170~ 리조
트 요금 $25(1박) 인터넷 무료 주차 유료(발렛 1박
$28) 가는 방법 호놀룰루 국제공항에서 HI-92 E
에 진입. 24A Exit(Bimgham St.)로 나와 McCully
St.가 나올 때까지 직진 후 우회전, 다시 Kalakaua
Ave.를 끼고 좌회전 후 직진. 쿠히오 비치 파크
Kuhio Beach Park 지나서 위치.

쉐라톤 프린세스 카이울라니
Sheraton Princess Kaiulani

하와이의 마지막 공주인 빅토리아 카이울라니
가 거주했던 곳으로 역사적으로도 의미 있는 호
텔. 피카케 테라스 Pikake Terrace에서 식사 시 동반
어린이의 식사가 무료로 제공되며, 전문 포토그
래퍼의 사진 촬영과 기념사진 1회(4x6 사이즈)
인화, 국제전화 1일 60분 무료 통화, 시내전화
무제한 무료 서비스를 제공한다.

지도 P.104-B2 　주소 120 Kaiulani Ave.
Honolulu 전화 808-922-5811 홈페이지
kr.princess-kaiulani.com(한국어 지원) 숙박 요
금 $150~ 리조트 요금 $34.55 인터넷 무료 주차
유료(셀프 1박 $35) 가는 방법 호놀룰루 국제공항에
서 HI-92 E에 진입. 24A Exit(Bimgham St.)로 나
와 McCully St.가 나올 때까지 직진 후 우회전. 다
시 Kalakaua Ave.를 끼고 좌회전 후 직진. 왼쪽
Kaiulanw Ave.를 끼고 좌회전 후 왼쪽에 위치.

쇼어라인 **Shoreline**

저가 호텔 라인 중 한 곳으로, 최근 리노베이션을
해 내부가 깔끔하고, 1층 헤븐리의 조식도 평이 좋
은 편이다. 뿐만 아니라 크랩 전문 레스토랑인 크
랙킨 키친과 저렴한 쇼핑몰 로스 Ross, 하와이에
서 스팸 무수비로 유명한 무수비 & 벤또 이야스
메도 가까이에 있어 지리적으로 편리하다.

지도 P.103-F2 　주소 342 Seaside Ave. Honolulu 전화 808-931-2444 홈페이지 www.
shorelineislandresort.com 숙박 요금 $189~ 리조트 요금 $25(1박) 인터넷 무료 주차 유료(발렛 $30) 가
는 방법 호놀룰루 국제공항에서 I-H-1E에 진입 후 HI-92E에 합류해 직진한다. Kalakaua Ave.를 끼고 우회
전 후 Seaside Ave.를 끼고 좌회전하면 왼쪽에 위치.

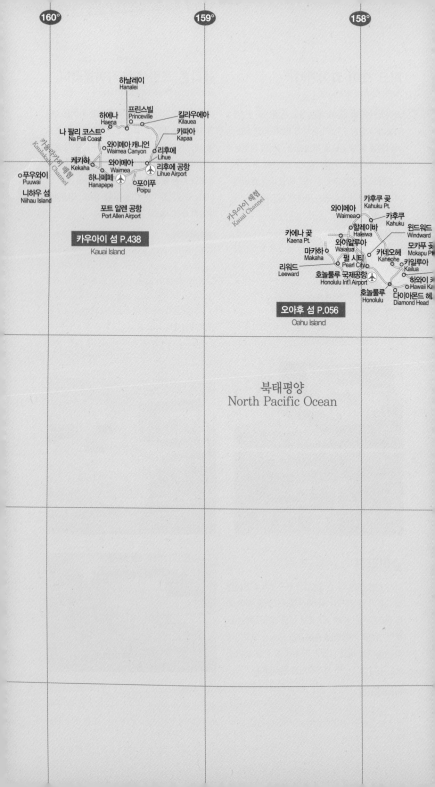

160°　159°　158°

하날레이
Hanalei

프린스빌
하에나　Princeville　킬라우에아
Haena　Kilauea

나 팔리 코스트　카파아
Na Pali Coast　와이메아캐니언　Kapaa
Waimea Canyon

케카하　와이메아　리후에
Kekaha　Waimea　Lihue　리후에 공항
Lihue Airport

푸우와이　하나페페　포이푸
Puuwai　Hanapepe　Poipu

니하우 섬
Niihau Island

가울라카이 해협
Kaulakahi Channel

포트 일렌 공항
Port Allen Airport

카우아이 섬 P.438
Kauai Island

카우아이 해협
Kauai Channel

와이메아　카후쿠 곶
Waimea　Kahuku Pt.　카후쿠
Kahuku

카에나 곶　할레이바　윈드워드
Kaena Pt.　Haleiwa　Windward

와이알루아　모카푸 곶
마카하　Waialua　카네오헤　Mokapu Pt.
Makaha　Kaneohe　카일루아
펄 시티　Kailua

리워드　Pearl City
Leeward　하와이 카
호놀룰루 국제공항　Hawaii Kai
Honolulu Int'l Airport
호놀룰루　다이아몬드 헤
Honolulu　Diamond Head

오아후 섬 P.056
Oahu Island

북태평양
North Pacific Ocean

157°　　156°　　155°

하와이 제도
HAWAII ISLANDS

1:2,400,000

0　　　　50km

22°

마날로
imanalo

몰로카이 섬
Molokai Island

카이위 해협
Kaiwi Channel

호올레후아 공항
Hoolehua Airport

칼라우파파
Kalaupapa

할라바
Halawa

칼루아코이
Kaluakoi

카우나카카이
Kaunakakai

파일로로 해협
Pailolo Channel

와일루쿠
Wailuku

마우이 섬 P.220
Maui Island

21°

칼로히 해협
Kalohi Channel

웨스트 마우이 공항
West Maui Airport

카아나팔리
Kaanapali

카훌루이 공항
Kahului Airport

카에나 곶
Kaena Pt.

라나이시티
Lanai City

라하이나
Lahaina

카훌루이
Kahului

와이알루아
Waialua

카우말라파우
Kaumalapau

아우아우 해협
Auau Channel

키헤이
Kihei

마카와오
Makawao

하나
Hana

라나이 공항
Lanai Airport

라나이 섬 P.271
Lanai Island

▲ 3055

라나이 공항
Lanai Airport

와일레아
Wailea

할레아칼라
Haleakala

케아라이카히키 해협
Kealaikahiki Channel

카훌라웨 섬
Kahoolawe Island

알라라케이키 해협
Alalakeiki Channel

알레누이하하 해협
Alenuihaha Channel

몰로키니 섬 P.334
Molokini Island

우폴루 곶
Upolu Pt.

하위
Hawi

노스 코할라
North Kohala

호노카아
Honokaa

카와이하에
Kawaihae

와이메아
waimea

20°

사우스 코할라
South Kohala

노스 힐로
North Hilo

호노무
Honomu

4260 ▲ 마우나 케아 산
Mauna Kea

힐로만
Hilo Bay

코나(케아홀레) 국제공항
Kona(Keahole) International Airport

코나
Kona

빅 아일랜드 섬 P.340
Big Island

힐로
Hilo

힐로 공항
Hilo Airport

카일루아-코나
Kailua-Kona

케아아우
Keaau

케아우호우
Keauhou

캡틴 쿡
Captain Cook

마우나로아 산
Mauna Loa ▲4169

사우스 힐로
South Hilo

파호아
Pahoa

호케나
Hookena

사우스 코나
South Kona

▲1248

푸나
Puna

킬라우에아 화산
Kilauea

칼라파나
Kalapana

카우
Kau

푸날루우
Punaluu

카우나 곶
Kauna Pt.

나알레후
Naalehu

19°

카라에 곶
Ka Lae Pt.

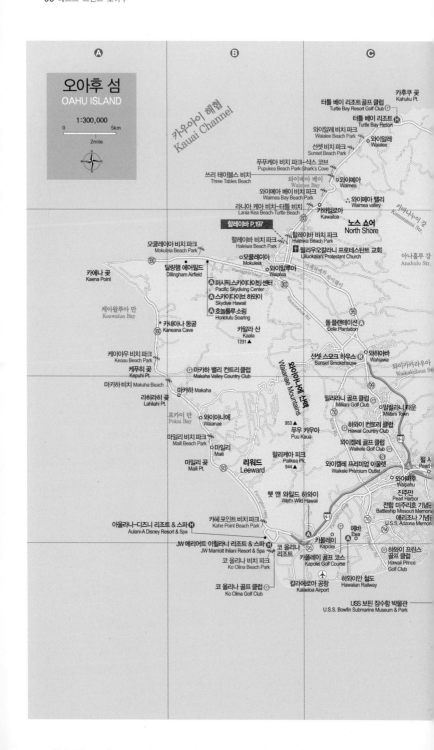

오아후 섬
OAHU ISLAND

1:300,000

0   5km
2mile

카우아이 해협
Kauai Channel

카후쿠 곶
Kahuku Pt.

터틀 베이 리조트골프 클럽
Turtle Bay Resort Golf Club

터틀 베이 리조트
Turtle Bay Resort

와이알레 비치 파크
Waialae Beach Park

와이알레
Waialee

선셋 비치 파크
Sunset Beach Park

푸푸케아 비치 파크-샥스 코브
Pupukea Beach Park-Shark's Cove

와이메아
Waimea

쓰리 테이블스 비치
Three Tables Beach

와이메아 베이
Waimea Bay

와이메아 베이 비치 파크
Waimea Bay Beach Park

와이메아 밸리
Waimea valley

라니아 케아 비치-터틀 비치
Lania Kea Beach-Turtle Beach

카와일로아
Kawailoa

카마나누이 강
Kamananui Str.

힐레이와 P.197

노스 쇼어
North Shore

할레이바 비치 파크
Haleiwa Beach Park

할레이바 비치 파크
Haleiwa Beach Park

할레이바 비치 파크
Haleiwa Beach Park

릴리우오칼라니 프로테스탄트 교회
Liliuokalani Protestant Church

아나훌루 강
Anahulu Str.

모쿨레이아 비치 파크
Mokuleia Beach Park

모쿨레이아
Mokuleia

와이알루아
Waialua

카에나 곶
Kaena Point

딜링햄 에어필드
Dillingham Airfield

퍼시픽스카이다이빙센터
Pacific Skydiving Center

스카이다이브 하와이
Skydive Hawaii

호놀룰루 소링
Honolulu Soaring

케아왈루아 만
Keawalua Bay

카네아나 동굴
Kaneana Cave

카알라 산
Kaala
1231 ▲

돌 플랜테이션
Dole Plantation

케아아우 비치 파크
Keaau Beach Park

선셋 스모크 하우스
Sunset Smokehouse

와히아바
Wahiawa

와이카카우아우
Waikakalaua Str.

케푸히 곶
Kepuhi Pt.

마카하 밸리 컨트리 클럽
Makaha Valley Country Club

밀리라니 골프 클럽
Mililani Golf Club

밀리라니 타운
Mililani Town

마카하 비치 Makaha Beach

마카하 Makaha

953 ▲

하와이 컨트리 클럽
Hawaii Country Club

라히라히 곶
Lahilahi Pt.

와이아나에 산맥
Waianae Mountains

푸우 카우아
Puu Kaua

와이켈레 골프 클럽
Waikele Golf Club

포카이 만
Pokai Bay

와이아나에
Waianae

팔리케아 피크
Palikea Pk.
944 ▲

와이켈레 프리미엄 아울렛
Waikele Premium Outlet

펄시
Pearl

마일리 비치 파크
Maili Beach Park

마일리
Maili

와이파후
Waipahu

마일리 곶
Maili Pt.

리워드
Leeward

웻 앤 와일드 하와이
Wet'n Wild Hawaii

진주만
Pearl Harbor

전함 미주리호 기념관
Battleship Missouri Memorial

애리조나 기념관
U.S.S. Arizona Memorial

아울라니-디즈니 리조트 & 스파
Aulani-A Disney Resort & Spa

카헤 포인트 비치 파크
Kahe Point Beach Park

코 올리나 리조트
Ko Olina Resort

카폴레이
Kapolei

에바
Ewa

하와이 프린스 골프 클럽
Hawaii Prince Golf Club

JW 메리어트 이힐라니 리조트 & 스파
JW Marriott Ihilani Resort & Spa

코 올리나 비치 파크
Ko Olina Beach Park

카폴레이 골프 코스
Kapolei Golf Course

하와이안 철도
Hawaiian Railway

코 올리나 골프 클럽
Ko Olina Golf Club

칼라에로아 공항
Kalaeloa Airport

USS 보핀 잠수함 박물관
U.S.S. Bowfin Submarine Museum & Park

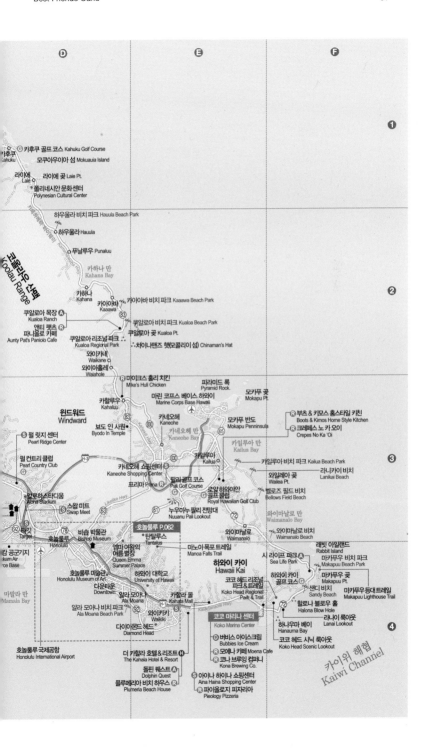

카후쿠 Kahuku
카후쿠 골프 코스 Kahuku Golf Course
모쿠아우이아 섬 Mokuauia Island
라이에 Laie
라이에 곶 Laie Pt.
폴리네시안 문화센터 Polynesian Cultural Center
하우울라 비치 파크 Hauula Beach Park
하우울라 Hauula
푸날루우 Punaluu
카하나 만 Kahana Bay
카하나 Kahana
카아아바 Kaaawa
카아아바 비치 파크 Kaaawa Beach Park
쿠알로아 목장 Kualoa Ranch
앤티 팻츠 파니올로 카페 Aunty Pat's Paniolo Cafe
쿠알로아 비치 파크 Kualoa Beach Park
쿠알로아 곶 Kualoa Pt.
쿠알로아 리저널 파크 Kualoa Regional Park
차이나맨즈 햇(콜리이 섬) Chinaman's Hat
와이카네 Waikane
와이아홀레 Waiahole
코올라우 산맥 Koolau Range
마이크스 훌리 치킨 Mike's Huli Chicken
피라미드 록 Pyramid Rock
모카푸 곶 Mokapu Pt.
카할루우 Kahaluu
마린 코프스 베이스 하와이 Marine Corps Base Hawaii
모카푸 반도 Mokapu Penninsula
윈드워드 Windward
카네오헤 Kaneohe
부츠 & 키모스 홈스타일 키친 Boots & Kimos Home Style Kitchen
보도 인 사원 Byodo In Temple
카네오헤 만 Kaneohe Bay
크레페스 노 카 오이 Crepes No Ka 'Oi
펄 릿지 센터 Pearl Ridge Center
카일루아 Kailua
카일루아 만 Kailua Bay
펄 컨트리 클럽 Pearl Country Club
카네오헤 쇼핑센터 Kaneohe Shopping Center
카일루아 비치 파크 Kailua Beach Park
와일레아 곶 Wailea Pt.
라니카이 비치 Lanikai Beach
필라 골프 코스 Pali Golf Course
프리마 Prima
로얄 하와이안 Royal Hawaiian Golf Club
알로하 스타디움 Aloha Stadium
벨로즈 필드 비치 Bellows Field Beach
스왑 미트 Swap Meet
누우아누 팔리 전망대 Nuuanu Pali Lookout
와이마날로 만 Waimanalo Bay
타깃 Target
와이마날로 Waimanalo
와이마날로 비치 Waimanalo Beach
호놀룰루 P.062
비숍 박물관 Bishop Museum
탄탈루스 Tantalus
호놀룰루 Honolulu
래빗 아일랜드 Rabbit Island
마노아 폭포 트레일 Manoa Falls Trail
시 라이프 파크 Sea Life Park
마카푸우 비치 파크 Makapuu Beach Park
엠마 여왕의 여름 별장 Queen Emma Summer Palace
하와이 카이 Hawaii Kai
마카푸우 곶 Makapuu Pt.
호놀룰루 미술관 Honolulu Museum of Art
하와이 대학교 University of Hawaii
코코 헤드 리저널 파크 & 트레일 Koko Head Regional Park & Trail
마카푸우 등대 트레일 Makapuu Lighthouse Trail
다운타운 Downtown
아라 모아나 Ala Moana
카할라 몰 Kahala Mall
샌디 비치 Sandy Beach
할로나 블로우 홀 Halona Blow Hole
아라 모아나 비치 파크 Ala Moana Beach Park
와이키키 Waikiki
라나이 룩아웃 Lanai Lookout
다이아몬드 헤드 Diamond Head
코코 마리나 센터 Koko Marina Center
하나우마 베이 Hanauma Bay
코코 헤드 시닉 룩아웃 Koko Head Scenic Lookout
호놀룰루 국제공항 Honolulu International Airport
더 카할라 호텔 & 리조트 The Kahala Hotel & Resort
버비스 아이스크림 Bubbies Ice Cream
모에나 카페 Moena Cafe
코나 브루잉 컴퍼니 Kona Brewing Co.
돌핀 퀘스트 Dolphin Quest
아이나 하이나 쇼핑센터 Aina Haina Shopping Center
플루메리아 비치 하우스 Plumeria Beach House
파이올로지 피자리아 Pieology Pizzaria
마말라 만 Mamala Bay
카이위 해협 Kaiwi Channel

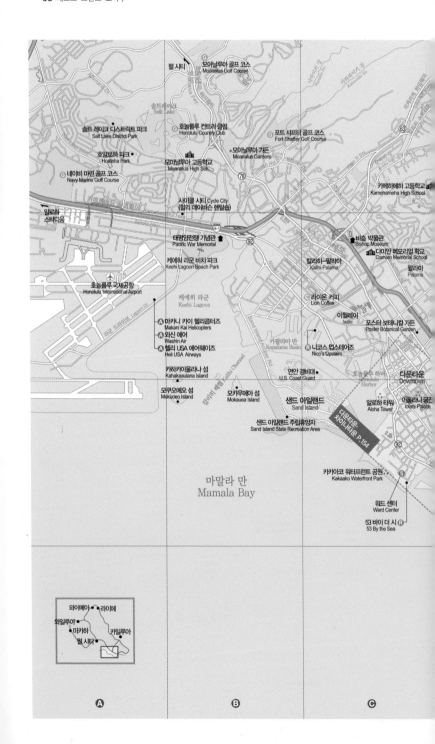

펄 시티
Pearl City

모아날루아 골프 코스
Moanalua Golf Course

솔트레이크
Salt Lake

솔트 레이크 디스트릭트 파크
Salt Lake District Park

호놀룰루 컨트리 클럽
Honolulu Country Club

포트 샤프터 골프 코스
Fort Shafter Golf Course

호알로하 파크
Hoaloha Park

모아날루아 가든
Moanalua Gardens

네이비 마린 골프 코스
Navy Marine Golf Course

모아날루아 고등학교
Moanalua High Sch.

카메하메하 고등학교
Kamehameha High School

사이클 시티 Cycle City
(힐리 데이비스 렌탈숍)

알로하 스타디움
Aloha Stadium

태평양전쟁 기념관
Pacific War Memorial

비숍 박물관
Bishop Museum

다미안 메모리얼 학교
Damian Memorial School

케에히 라군 비치 파크
Keehi Lagoon Beach Park

칼리히-팔라마
Kalihi-Palama

팔라마
Palama

호놀룰루 국제공항
Honolulu International Airport

케에히 라군
Keehi Lagoon

라이온 커피
Lion Coffee

이월레이
Iwilei

마카니 카이 헬리콥터즈
Makani Kai Helicopters

포스터 보태니컬 가든
Poster Botanical Garden

와신 에어
Washin Air

헬리 USA 에어웨이즈
Heli USA Airways

카팔라마 베이슨
Kapalama Basin

니코스 업스테이즈
Nico's Upstairs

카하카이올라나 섬
Kahakaaulana Island

연안 경비대
U.S. Coast Guard

호놀룰루 하버
Honolulu Harbor

다운타운
Downtown

모쿠오에오 섬
Mokuoeo Island

모카우에아 섬
Mokauea Island

샌드 아일랜드
Sand Island

알로하 타워
Aloha Tower

이올라니 궁전
Iolani Palace

샌드 아일랜드 주립휴양지
Sand Island State Recreation Area

다운타운
차이나타운 P.154

카카아코 워터프런트 공원
Kakaako Waterfront Park

마말라 만
Mamala Bay

워드 센터
Ward Center

53 바이 더 시
53 By the Sea

와이메아 라이에
와일루아
마카하 카일루아
펄 시티

Ⓐ   Ⓑ   Ⓒ

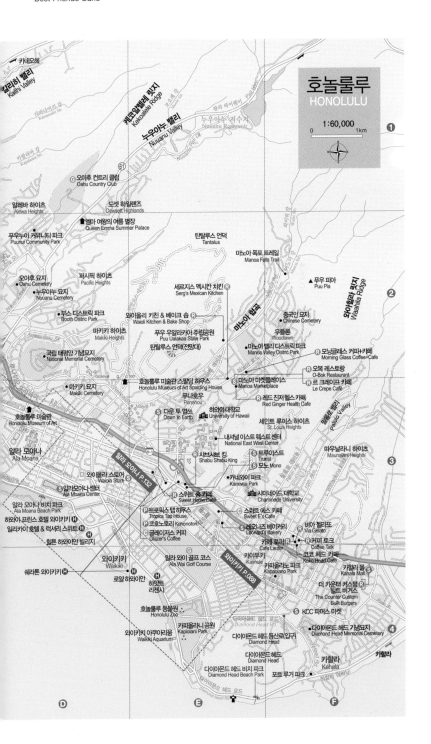

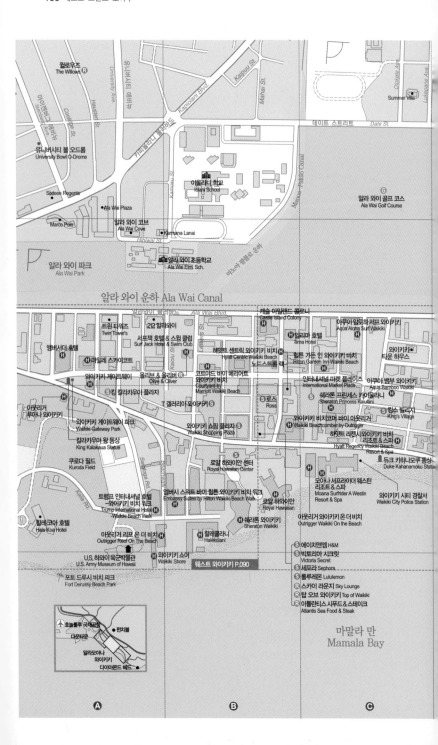

윌로우즈
The Willows Ⓡ

Summer Villa

유니버시티 애비뉴 University Ave.

카피올라니 블러바드 Kapiolani Blvd.

Kaipuu St.

Mahai St.

Olokele Ave.

Luuaaeana Ave.

데이트 스트리트 Date St.

유니버시티 볼 오드롬
University Bowl O-Drome

Sixteen Regents

Ala Wai Plaza

마르코 폴로
Marco Polo

알라 와이 코브
Ala Wai Cove

카마나 라나이
Karmana Lanai

이올라니 학교
Iolani School

Kamoku St.

마누아 팔롤로 운하 Manoa-Palolo Canal

알라 와이 골프 코스
Ala Wai Golf Course Ⓖ

하나 St. Hinwai St.

마누아 팔롤로 운하

알라 와이 파크
Ala Wai Park Ⓟ

알라 와이 초등학교
Ala Wai Elm Sch.

알라 와이 운하 Ala Wai Canal

알라 와이 블러바드 Ala Wai Blvd.

캐슬 아일랜드 콜로니
Castle Island Colony

아쿠아 알로하 서프 와이키키
Aqua Aloha Surf Waikiki

트윈 타워즈
Twin Tower's

서프잭 호텔 & 스윔 클럽
Surf Jack Hotel & Swim Club

일리마 호텔
Ilima Hotel

와이키키 Ⓘ 타운 하우스

엠버서더 호텔 Ⓗ

마일레 스카이코트

하얏트 센트릭 와이키키 비치
Hyatt Centric Waikiki Beach

노드스트롬 랙

힐튼 가든 인 와이키키 비치
Hilton Garden Inn Waikiki Beach

와이키키 게이트웨이
Waikiki Gateway Ⓗ

올리브 & 올리버
Olive & Oliver

212 알라와이

코트야드 바이 메리어트
와이키키 비치
Courtyard by
Marriott Waikiki Beach

인터내셔널 마켓 플레이스
International Market Place

아쿠아 뱀부 와이키키
Aqua Bamboo Waikiki

아웃리거
루아나 와이키키

킹 칼라카우아 플라자 Ⓗ

티 갤러리아 와이키키 Ⓣ

Ⓢ 로스
Ross

쉐라톤 프린세스 카이울라니
Sheraton Princess Kaiulani

킹스 빌리지
King's Village

와이키키 게이트웨이 파크
Waikiki Gateway Park

와이키키 쇼핑 플라자 Ⓢ
Waikiki Shopping Plaza

와이키키 비치코머 바이 아웃리거
Waikiki Beachcomber by Outrigger Ⓗ

칼라카우아 왕 동상
King Kalakaua Statue

쿠로다 필드
Kuroda Field

로얄 하와이안 센터
Royal Hawaiian Center

하얏트 리젠시 와이키키 비치
리조트 & 스파
Hyatt Regency Waikiki Beach
Resort & Spa

듀크 카하나모쿠 동상
Duke Kahanamoku Statue

트럼프 인터내셔널 호텔
와이키키 비치 워크
Trump International Hotel
Waikiki Beach Walk

엠버시 스위트 바이 힐튼 와이키키 비치 워크
Embassy Suites by Hilton Waikiki Beach Walk

로얄 하와이안
Royal Hawaiian

모아나 서프라이더 웨스틴
리조트 & 스파
Moana Surfrider A Westin
Resort & Spa

와이키키 시티 경찰서
Waikiki City Police Station

할레 코아 호텔
Hale Koa Hotel Ⓗ

아웃리거 리프 온 더 비치
Outrigger Reef On The Beach

쉐라톤 와이키키
Sheraton Waikiki

아웃리거 와이키키 온 더 비치
Outrigger Waikiki On The Beach

U.S. 하와이 육군박물관
U.S. Army Museum of Hawaii

와이키키 쇼어
Waikiki Shore

할레쿨라니
Halekulani

Ⓢ 에이치앤엠 H&M

Ⓢ 빅토리아 시크릿 Victoria Secret

포트 드루시 비치 파크
Fort Derussy Beach Park

웨스트 와이키키 P.090

Ⓢ 세포라 Sephora

Ⓢ 룰루레몬 Lululemon

Ⓡ 스카이 라운지 Sky Lounge

Ⓡ 탑 오브 와이키키 Top of Waikiki

Ⓡ 아틀란티스 시푸드 & 스테이크
Atlantis Sea Food & Steak

마말라 만
Mamala Bay

호놀룰루 국제공항

다운타운

펀치볼

알라모아나

와이키키

다이아몬드 헤드

Ⓐ   Ⓑ   Ⓒ

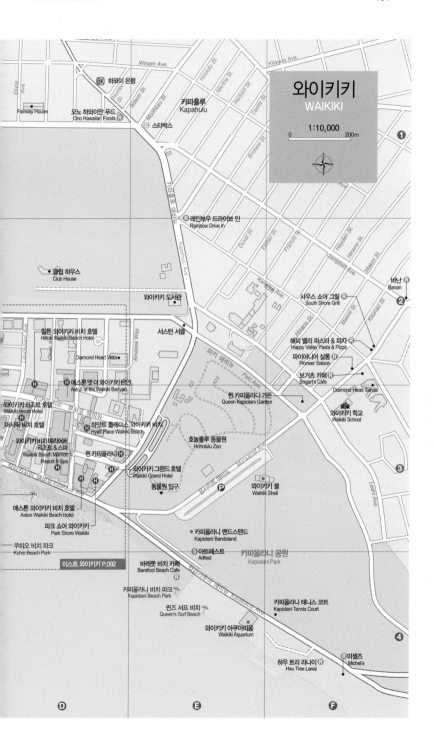

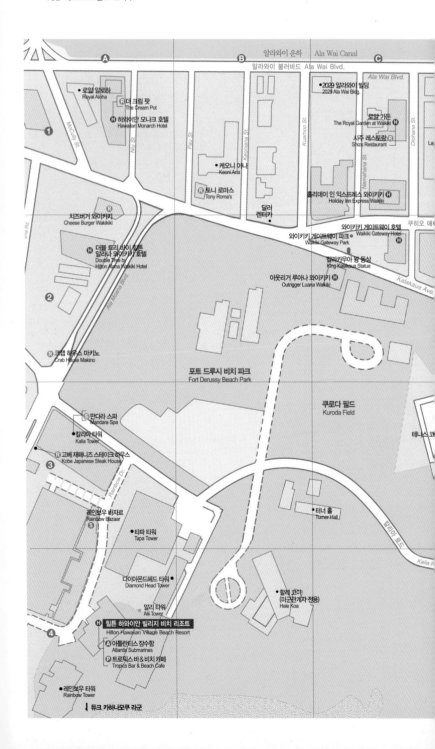

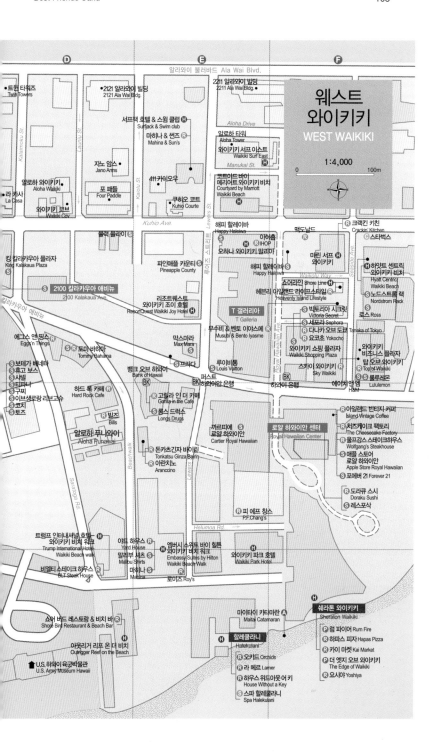

알라와이 블러바드 Ala Wai Blvd.

D · E · F

트윈 타워즈
Twin Towers

2121 알라와이 빌딩
2121 Ala Wai Bldg.

2211 알라와이 빌딩
2211 Ala Wai Bldg.

웨스트
와이키키
WEST WAIKIKI

1:4,000

0   100m

서프잭 호텔 & 스윔 클럽
Surfjack Hotel & Swim club

Aloha Drive

마히나 & 썬즈
Mahina & Sun's

알로하 타워
Aloha Tower

와이키키 서프 이스트
Waikiki Surf East

자노 암스
Jano Arms

Manukai St.

알로하 와이키키
Aloha Waikiki

411 카이오우

코트야드 바이
메리어트 와이키키 비치
Courtyard by Marriott
Waikiki Beach

라 카사
La Casa

포 패들
Four Paddle

와이키키 코브
Waikiki Cov

쿠히오 코트
Kuhio Courte

해피 할레이바
Happy Haleiwa

크랙킨 키친
Crackin' Kitchen

Kuhio Ave.

플랙 플라이

아이홉
IHOP

맥도날드

스타벅스

킹 칼라카우아 플라자
King Kalakaua Plaza

파인애플 카운티
Pineapple County

오하나 와이키키 말리아
Ohana Waikiki Malia

마린 서프
와이키키
Marine Surf
Waikiki

하얏트 센트릭
와이키키 비치
Hyatt Centric
Waikiki Beach

2100 칼라카우아 애비뉴
2100 Kalakaua Ave.

리조트퀘스트
와이키키 조이 호텔
ResortQuest Waikiki Joy Hotel

해피 할레이바
Happy Haleiwa

Waikolu Way

노드스트롬 랙
Nordstrom Rack

칼라카우아 애비뉴

에그스 앤 띵스
Eggs'n Things

T 갤러리아
T Galleria

헤븐리 아일랜드 라이프스타일
Heavenly Island Lifestyle

쇼어라인
Shore Line

로스 Ross

보테가 베네타
Bottega Veneta

토미 바하마
Tommy Bahama

막스마라
Max Mara

무수비 & 벤토 이야스메
Musubi & Bento Iyasme

빅토리아 시크릿
Victoria Secret

세포라 Sephora

와이키키
비즈니스 플라자
탑 오브 와이키키
Top of Waikiki

휴고 보스
Hugo Boss

티파니

구찌

이브생로랑 리브고슈

코치

토즈

루이비통
Louis Vuitton

다나카 오브 도쿄
Tanaka of Tokyo

요코초 Yokocho

와이키키 쇼핑 플라자
Waikiki Shopping Plaza

룰루레몬
Lululemon

하드 록 카페
Hard Rock Cafe

뱅크 오브 하와이
Bank of Hawaii

고릴라 인 더 카페
Gorilla in the Cafe

퍼스트
하와이안 은행

스카이 와이키키
Sky Waikiki

에이치앤엠
H&M

빌즈
Bills

롱스 드럭스
Longs Drugs

하와이 은행

아일랜드 빈티지 커피
Island Vintage Coffee

알로하 푸니 와아
Aloha Punawai

까르띠에
로얄 하와이안
Cartier Royal Hawaiian

로얄 하와이안 센터
Royal Hawaiian Center

치즈케이크 팩토리
The Cheesecake Factory

울프강스 스테이크하우스
Wolfgang's Steakhouse

돈카츠긴자 바이린
Tonkatsu Ginza Bairin

아란치노
Aranccino

애플 스토어
로얄 하와이안
Apple Store Royal Hawaiian

포에버 21 Forever 21

도라쿠 스시
Doraku Sushi

피 에프 창스
P.F.Chang's

레스포삭

Helumoa Rd.

트럼프 인터내셔널 호텔
와이키키 비치 워크
Trump International Hotel
Waikiki Beach walk

야드 하우스
Yard House

엠바시 스위트 바이 힐튼
와이키키 비치 워크
Embassy Suites by Hilton
Waikiki Beach Walk

와이키키 파크 호텔
Waikiki Park Hotel

비엘티 스테이크 하우스
BLT Steak House

말리부 셔츠
Malibu Shirts

마히나
Mahina

로이즈 Roy's

쇼어 버드 레스토랑 & 비치 바
Shore Bird Restaurant & Beach Bar

마이타이 카타마란
Maitai Catamaran

쉐라톤 와이키키
Sheraton Waikiki

럼 파이어 Rum Fire

하파스 피자 Hapas Pizza

아웃리거 리프 온 더 비치
Outrigger Reef on the Beach

할레쿨라니
Halekulani

카이 마켓 Kai Market

더 엣지 오브 와이키키
The Edge of Waikiki

U.S. 하와이육군박물관
U.S. Army Museum Hawaii

오키드 Orchids

요시야 Yoshiya

라 메르 Lamer

하우스 위드아웃 어 키
House Without a Key

스파 할레쿨라니
Spa Halekulani

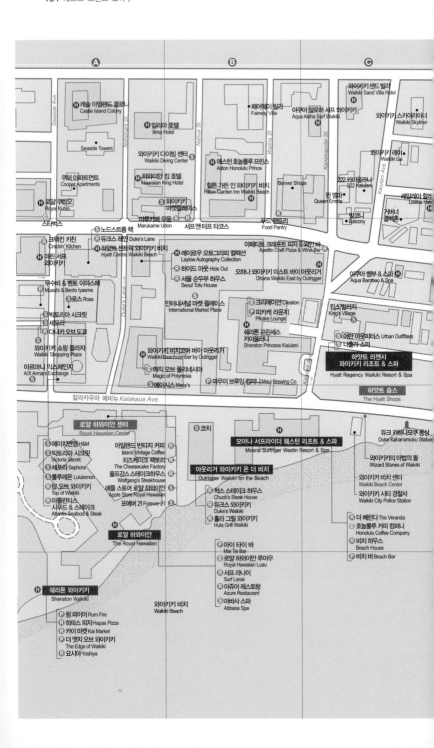

Ⓐ   Ⓑ   Ⓒ

캐슬 아일랜드 콜로니
Castle Island Colony

Ⓗ 일리마 호텔
Ilima Hotel

Seaside Towers

페어웨이 빌라
Fairway Villa

아쿠아 알로하 서프 와이키키
Aqua Aloha Surf Waikiki

와이키키 샌드 빌라
Waikiki Sand Villa Hotel

와이키키 스카이라이너
Waikiki Skyliner

와이키키 다이빙 센터
Waikiki Diving Center

쿠퍼 아파트먼트
Cooper Apartments

Ⓗ 하와이안 킹 호텔
Hawaiian King Hotel

Ⓗ 애스턴 호놀룰루 프린스
Aston Honolulu Prince

힐튼 가든 인 와이키키 비치
Hilton Garden Inn Waikiki Beach

Banver Shops

와이키키 레이
Waikiki Lai

222 카이올라니
222 Kaiulani

로얄 쿠히오
Royal Kuhio

Ⓗ

와이키키
마켓플레이스

마루카메 우동
Marukame Udon

서프 앤 터프 타코스

푸드 팬트리
Food Pantry

퀸 엠마
Queen Emma

레알레아 할레
Lealea Hale

발코니
Balcony

커버너
클럽하우스

스타벅스

Ⓢ 노드스트롬 랙

Ⓢ 듀크스 레인 Duke's Lane

크래킨 키친
Crackin' Kitchen

Ⓗ 하얏트 센트릴 와이키키 비치
Hyatt Centric Waikiki Beach

Ⓡ 레이로우 오토그라피 컬렉션
Laylow Autography Collection

아페티토 크래푸트 피자 & 와인 바
Apetito Craft Pizza & Wine Bar

Ⓗ 마린 서프
와이키키

Ⓡ 하이드 아웃 Hide Out

오하나 와이키키 이스트 바이 아웃리거
Ohana Waikiki East by Outrigger

아쿠아 뱀부 & 스파 Ⓗ
Aqua Bamboo & Spa

무수비 & 벤토 이야스배
Musubi & Bento Iyasme

Ⓡ 서울 순두부 하우스
Seoul Tofu House

Ⓢ 로스 Ross

인터내셔널 마켓 플레이스
International Market Place

Ⓔ 크리에이션 Creation

킹스빌리지
King's Village

Ⓢ 빅토리아 시크릿

Ⓢ 세포라

Ⓡ 다나카 오브 도쿄

Ⓟ 피카케 라운지
Pikake Lounge

쉐라톤 프린세스
카이올라니
Sheraton Princess Kaiulani

Ⓢ 어반 아웃피터스 Urban Outfitters

와이키키 쇼핑 플라자
Waikiki Shopping Plaza

Ⓗ 와이키키 비치코머 바이 아웃리거
Waikiki Beachcomber by Outrigger

Ⓢ 나홀라 스파

아르마니 익스체인지
A/X Armani Exchange

Ⓢ 매직 오브 폴리네시아
Magic of Polynesia

하얏트 리젠시
와이키키 리조트 & 스파
Hyatt Regency Waikiki Resort & Spa

Ⓢ 메이시스 Macy's

마우이 브루잉 컴퍼니 Maui Brewing Co.

하얏트 숍스
The Hyatt Shops

칼라카우아 애비뉴 Kalakaua Ave.

로얄 하와이안 센터
Royal Hawaiian Center

Ⓢ 코치 Coach

모아나 서프라이더 웨스턴 리조트 & 스파
Moana Surfrider Westin Resort & Spa

듀크 카하나모쿠 동상
Duke Kahanamoku Statue

Ⓢ 에이치앤엠 H&M

Ⓢ 빅토리아 시크릿
Victoria Secret

Ⓢ 세포라 Sephora

Ⓢ 룰루레몬 Lululemon

Ⓡ 탑 오브 와이키키
Top of Waikiki

Ⓡ 아틀란티스
시푸드 & 스테이크
Atlantis Seafood & Steak

아일랜드 빈티지 커피
Island Vintage Coffee

치즈케이크 팩토리
The Cheesecake Factory

울프강스 스테이크하우스
Wolfgang's Steakhouse

애플 스토어 로얄 하와이안
Apple Store Royal Hawaiian

포에버 21 Forever 21

아웃리거 와이키키 온 더 비치
Outrigger Waikiki on the Beach

Ⓡ 척스 스테이크 하우스
Chuck's Steak House

Ⓡ 듀크스 와이키키
Duke's Waikiki

Ⓡ 훌라 그릴 와이키키
Hula Grill Waikiki

와이키키의 마법의 돌
Wizard Stones of Waikiki

와이키키 비치 센터
Waikiki Beach Center

와이키키 시티 경찰서
Waikiki City Police Station

Ⓡ 더 베란다 The Veranda

Ⓒ 호놀룰루 커피 컴퍼니
Honolulu Coffee Company

Ⓡ 비치 하우스
Beach House

Ⓗ 로얄 하와이안
The Royal Hawaiian

Ⓟ 마이 타이 바
Mai Tai Bar

Ⓡ 로얄 하와이안 루아우
Royal Hawaiian Luau

Ⓡ 서프 라나이
Surf Lanai

Ⓡ 아쥬어 레스토랑
Azure Restaurant

Ⓢ 야바사 스파
Abbasa Spa

Ⓟ 비치 바 Beach Bar

Ⓗ 쉐라톤 와이키키
Sheraton Waikiki

Ⓟ 럼 파이어 Rum Fire

Ⓟ 하파스 피자 Hapas Pizza

Ⓟ 카이 마켓 Kai Market

Ⓟ 더 엣지 오브 와이키키
The Edge of Waikiki

Ⓟ 요시야 Yoshiya

와이키키 비치
Waikiki Beach

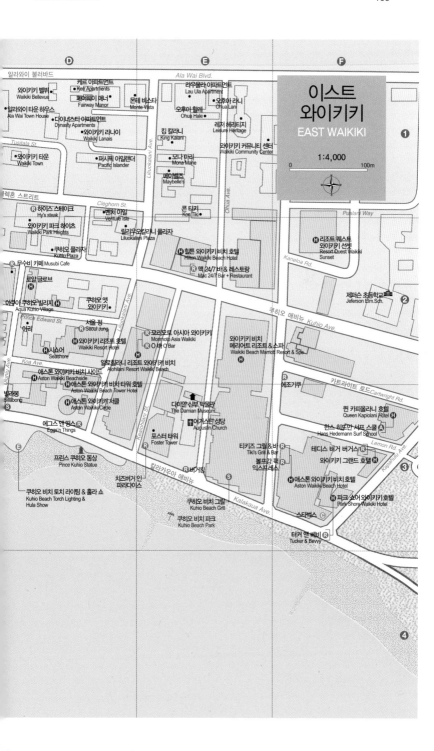

이스트
와이키키
EAST WAIKIKI
1:4,000
0   100m

알라 모아나
ALA MOANA

1:10,000

0 ——— 200m

23번 출구

Luna Liho Towers
카트라이트 경기장
Cartwright Field

타임즈 슈퍼마켓
Times Supermarket

세이프 웨이
Safe Way

농림청
Department of Agriculture

마우이 다이버스 주얼리 디자인 센터
Maui Diver's Jewelry Design Center

버거킹

맥도날드

Interstate Bldg.

카아모쿠 슈퍼마켓
Keeaumoku Supermaket

서라벌 코리안 레스토랑
Sorabol Korean Restaurant

Medical Arts Bldg.

The Elms

세리단 파크
Sheridan Park

케이크 M
Cake M

라케레케 드라이브 인
Like Like Drive Inn

Kapiolani Terrace

파고다 호텔
Pagoda Hotel

로스 Ross

Sam Sun Plaza

Piikoi Plaza

매킨리 고등학교
Mckinley High School

키킨 케이준
Kickin Kajun

월마트
WallMart

월그린스 Walgreens

하와이 오페라 시어터
Hawaii Opera Theatre

형제 레스토랑
Hyung Jae Restaurant

615 피아코이 빌딩

하와이 은행

닐 S. 브레이스델 센터
Neal S. Blaisdell Center

AS Tower

더 리퍼블릭
The Republik

셰프 차이 Chef Chai

타이료
Tairyo

블루 트리
Blue Tree

코딕

이치리키
Ichiriki

알라모아나 센터 P.146
Ala Moana Center

Universal Bldg.

리틀 쉽 Little Sheep

Piikoi Parkway Bldg

Ala Moana Plaza

메이시스
Macy's

니만 마커스
Neiman Marcus

GASCO

버니니
Bernini

데이앤비
Dave & Buster's

부카디 베포
Buca di Beppo

하와이카 타워

덕 벗 Duck Butt

워드 시어터 Ward Theater

카사텐
Kissaten

워드 엔터테인먼트 센터
Ward Entertainment Center

푸켓 타이
Phuket Thai

티제이 맥스
T.J maxx

탱고 컨템포러리 카페
Tango Contemporary Cafe

로스

노드스트롬 랙
Nordstrom Rack

일라 모아나 비치 파크
Ala Moana Beach Park

마루카이 Marukai

푸켓 타이
Phuket Thai

사우스 소어 마켓
South Shore Market

파야 비스트로
Pariya Bistro

카카아코 파머스 마켓

워드 센터
Ward Centre

워드 웨어하우스
Ward Warehouse

리얼어가스트로랩
REAL a Gastropub

라이언스 그릴 Ryan's Grill

리틀 쉽 Little Sheep

하와이 해적선 어드벤처
Hawaii Pirate Ship Adventure

노부 호놀룰루
Nobu Honolulu

케왈로 만 하버
Kewalo Basin Harbor

A

B

C

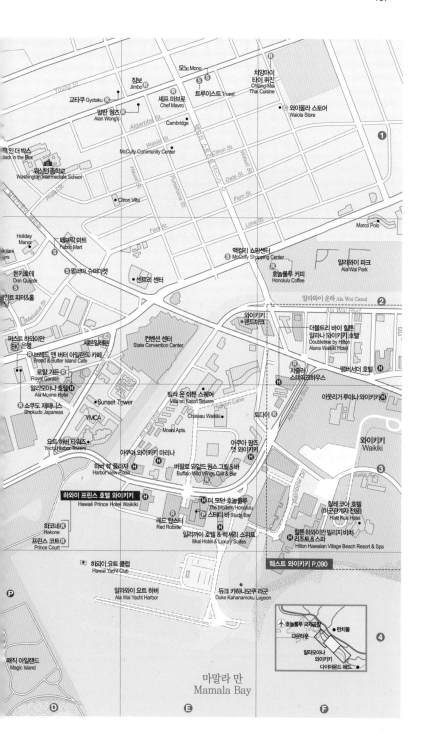

• YMCA
센트럴 중학교
바인야드 블러바드
Vineyard Blvd.
Lusitana Gardens
• Capt. Cook

Lunalilo Frwy.

Lusiana Pkwy

Mauna Kea Tower
ⓡ 레전드 시푸드 레스토랑
Legend Seafood Restaurant
• 차이나타운 컬처럴 플라자 센터
Chinatown Cultural Plaza Center
• Kukui Plaza
카말리 파크
Kamalii Park
세인트 앤드류스 성당
St. Andrew's Cathedral
테니 극장
Tenny Theater
• 워싱턴 플레이스
Washington Place

N. Kukui St.
College Walk
Aala St.

아알라 인터내셔널 파크
Aala International Park
브루노스 포르노
Bruno's Forno
ⓡ
차이나타운
Chinatown
• Century Square
Queen Emma St
지방법원
District Court
하와이 주립 미술관
Hawaii State Art Museum
하와이 주정부 청사
State of Hawaii Legislature
• 칼라
Kala

브릭 파이어 태번
Brick Fire Tavern
하와이 시어터
Verizon

마우나케아 마켓플레이스
Maunakea Marketplace
럭키 밸리
Lucky Belly
하와이 주 도서관
Hawaii State Library
• Honolulu Hale

N. Hotel St.

야키토리 하치베이
Yakitori Hachibei
다운타운
Downtown
이올라니 궁전
Iolani Palace
카와이아하오 교회
Kawaiahao Church

더 피그 앤더 레이디
The Pig and The Lady
머피스 바 & 그릴
Murphy's Bar & Grill
포트 스트리트 몰
카메하메하 대왕 동상
King Kamehameha Statue
주 대법원
Aliiolani Hale
카와이아하오묘지
Kawaiahao Cemetery

다운타운 커피
Downtown Coffee
브루에 바
Brue Bar
호놀룰루 미술관
퍼스트 하와이안 센터
Honolulu Museum of Art at First
• Harbor Court
Hawaii Tower
Pacific Guardian Center
TOPA Financial Center
• 하버 스퀘어
Harbor Square
• Department of
Transportation
Highway Division

Haseko Center

알로하 타워
Aloha Tower
Prince Kuhio
Kalanianaole
Federal Bldg.
카마카 우쿨렐레
Kamaka Ukulele ⓢ

ⓢ 알로하 타워 마켓플레이스
Aloha Tower Marketplace
워터프런트 플라자
Waterfront Plaza
ⓐ 스타 오브 호놀룰루
(선셋 크루즈 & 웨일 와칭)
Star of Honolulu
ⓡ 레스토랑 로우
Restaurant Row
• Water

고든 비어쉬 브루어리 ⓟ
Gordon Biersch Brewery
GSA 모터 풀
GSA Motor Pool
• 이민관리국
Immigration Sta.

호놀룰루 항
Honolulu Harbor

Sand Island Parkway Rd.

Central Way

샌드 아일랜드
Sand Island

ⓐ   ⓑ   ⓒ

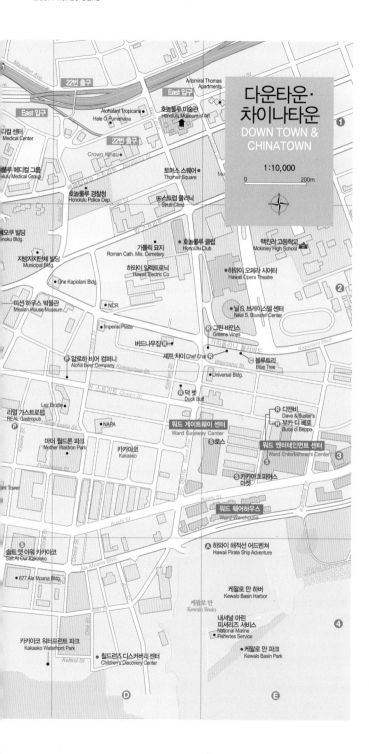

다운타운·
차이나타운
DOWN TOWN &
CHINATOWN

1:10,000

0   200m

오아후 여행 준비

여권과 비자

1 여권 발급

여권을 처음으로 발급 받는 경우, 또는 유효기간 만료로 신규 발급 받는 경우가 있을 수 있다. 여권 신청부터 발급까지는 보통 3일 정도가 소요되며, 유효기간이 6개월 미만 남은 여권의 경우 입국을 불허하는 국가가 있으므로 미리 확인하고 재발급 받아야 한다.

여권 발급 정보

발급대상
대한민국 국적을 보유하고 있는 국민
접수처
전국 여권사무 대행기관 및 재외공관
구비서류
여권발급신청서(외교부 여권 안내 홈페이지에서 다운로드 또는 각 여권발급 접수처에 비치된 서류 수령 가능), 여권용 사진 1매(6개월 이내에 촬영한 사진. 단, 전자여권이 아닌 경우 2매), 신분증, 병역관계서류(25~37세 병역미필 남성: 국외여행 허가서, 만 18~24세 병역 미필 남성: 없음, 기타 만 18~37세 남성: 주민등록 초본 또는 병적증명서)
수수료
단수 여권 20,000원, 복수 여권 5년 4만 2,000원(24면) 또는 4만 5,000원(48면), 복수 여권 10년 5만 원(24면) 또는 5만 3,000원(48면)

2 비자 발급

국가 간 이동을 위해서는 원칙적으로 비자가 필요하다. 비자를 받기 위해서는 상대국 대사관이나 영사관을 방문해 방문국가가 요청하는 서류 및 사증 수수료를 지불해야 하며 경우에 따라서는 인터뷰도 거쳐야 한다. 다만 국가 간 협정이나 조치에 의해 무비자 입국이 가능한 국가들이 있으니 자세한 국가 정보는 외교부 홈페이지를 통해 확인하자.

외교부 홈페이지 www.passport.go.kr/new

증명서 발급

1 국제운전면허증

해외에서 렌터카를 이용하려면 국제운전면허증(www.safedriving.or.kr)을 발급받아야 한다. 신청 방법은 한국면허증, 여권, 증명사진 1장을 가지고 전국 운전면허시험장이나 가까운 경찰서로 가서 7,000원의 수수료를 내면 된다. 렌터카 이용 시에는 국제운전면허증뿐만 아니라 여권과 한국면허증을 반드시 모두 소지하고 있어야 한다.

Tip
2019년 9월부터 발급되는 운전면허증 뒷면에는 소지자 이름과 생년월일 등의 개인 정보와 면허 정보가 영문으로 표기된다. 이에 따라 영국·캐나다·싱가포르 등 최소 30개국에서 이 영문 면허증을 그대로 사용할 수 있게 된다. 영문 운전면허증이 인정되는 국가 상세 내역은 도로교통공단 홈페이지를 통해 확인할 수 있다.
도로교통공단 홈페이지 www.koroad.or.kr

2 국제학생증

학생일 경우 국제학생증을 챙겨 가면 유적지, 박물관 등에서 다양한 할인 혜택을 받을 수 있다. 발급은 홈페이지를 통해 가능하며 유효 기간과 혜택에 따라 1만 7,000원~3만 4,000의 수수료를 지불하면 된다.
국제학생증 홈페이지 www.isic.co.kr

❸ 병무/검역 신고

병무 신고

국외여행허가증명서를 제출해야 하는 대상자라면, 사전에 병무청에서 국외여행 허가를 받고 출국 당일 법무부 출입국에 들러 서류를 내야 한다. 출국심사 시 증명서를 소지하지 않으면 출국이 지연, 또는 금지될 수 있다.

[인천공항 법무부 출입국] 전화 032-740-2500~2 운영 06:30~22:00

병무신고 대상자

25세 이상 병역 미필 병역의무자(영주권으로 인한 병역 연기 및 면제자 포함) 또는 현재 공익근무요원 복무자, 공중보건의사, 징병전담의사, 국제협력의사, 공익법무관, 공익수의사, 국제협력요원, 전문연구요원, 산업기능요원 등 대체복무자.

검역 신고

사전에 입국하고자 하는 국가의 검역기관 또는 한국 주재 대사관을 통해 검역 조건을 확인하고, 요구하는 조건을 준비해야 한다. 공항에 도착하면 동물·식물 수출검역실을 방문하여 수출동물 검역증명서를 신청(항공기 출발 3시간 전)하여 발급받는다.

축산관계자 출국신고센터 전화 032-740-2660~1 운영 09:00~18:00

필수 구비 서류

광견병 예방접종증명서(생후 90일 미만은 불필요), 건강증명서(출국일 기준 10일 이내 발급) 추가 구비 서류 광견병 항체 결과증명서, 마이크로칩 이식, 사전수입허가증명서, 부속서류 등이 필요하다.

발급수수료 1만~3만원

항공권 예약

항공권 가격은 여행 시기, 운항 스케줄, 항공편(항공사), 좌석 등급, 환승 여부, 수하물 여부, 마일리지 적립률 등에 따라 달라진다. 일단 여행 계획이 세워졌다면 가능한 빨리 항공권을 예매해야 저렴한 가격에 구할 수 있다. 스카이스캐너, 네이버항공권, 인터파크 등을 비롯한 온/오프라인 여행사와 소셜 커머스를 활용하면 보다 쉽게 항공권 가격을 비교할 수 있다.

전자항공권(e-ticket) 확인

항공권 결제가 끝나면 이메일로 전자항공권을 수령한다. 이 전자항공권은 예약번호만 알아두어도 실제 보딩패스를 발권하는 데 무리가 없으나, 만약을 대비해 출력해두는 것이 좋다.

Tip 항공권, 야무지게 예약하는 법

1 항공사 홈페이지 : 가격 비교 사이트를 주로 이용하는 여행자들이라면 항공사 홈페이지의 특가 상품을 간과하기 쉽다. 항공사에서는 출발일보다 1달, 혹은 그 이상 앞서 예약하는 이들을 위해 '얼리 버드' 상품을 내어 놓거나, 출발-도착일이 이미 정해진 특별 프로모션 상품을 왕왕 걸어둔다. 저렴한 항공권을 얻고 싶다면 항공사 SNS 계정이나 홈페이지를 자주 살필 것.

2 여행사 홈페이지 : 이른바 '땡처리' 항공권이 가장 많이 쏟아지는 플랫폼이 바로 여행사 홈페이지다. 주요 여행사 홈페이지에서 [항공] 카테고리로 들어가면 출발일이 임박한 특가 항공권을 확인할 수 있다. 이런 상품은 금세 매진되므로, 계획하고 있는 여정과 맞는 항공권이라면 주저하지 말고 예약하는 것이 좋다.

3 가격 비교 웹사이트 / 모바일 애플리케이션 : 가장 대중적인 항공권 예약 방법이다. 이때 해당 웹사이트의 모바일 애플리케이션을 활용하면 추가 할인 코드, 모바일 전용 상품 등을 통해 보다 다채로운 예약 혜택을 얻을 수 있다.

여행자 보험

사건 사고에 대처하기 힘든 해외 체류 기간 동안 여행자 보험은 여러모로 큰 힘이 되어준다. 보험 가입이 필수는 아니지만, 활동 중 상해를 입거나 물건을 도난 당하는 경우 등 불의의 사고로부터 금전적인 손실을 막을 수 있기 때문이다. 가입은 보험사 대리점이나 공항의 보험사 영업소 데스크를 직접 찾아가거나, 온라인/모바일 애플리케이션을 이용해 간단히 처리할 수 있다. 보험사에 따라 보장받을 수 있는 금액이나 보장 한도에 차이가 있으니 나에게 맞는 보험을 꼼꼼하게 따져보는 것이 좋다.

사고 발생 시 대처법

귀국 후 보험금을 청구할 때 반드시 제출해야 하는 서류는 다음과 같다.

해외 병원을 이용했을 시
진단서, 치료비 명세서 및 영수증, 처방전 및 약제비 영수증, 진료 차트 사본 등을 챙겨두자.

도난 사고 발생 시
가까운 경찰서에 가서 신고를 하고 분실 확인증명서(Police Report)를 받아 둔다. 부주의에 의한 분실은 보상이 되지 않으므로, 해당 내용을 '도난(stolen)' 항목에 작성해야 보험금을 청구할 수 있다.

항공기 지연 시
식사비, 숙박비, 교통비와 같은 추가 비용이 보장되는 보험에 가입한 경우에는 사용한 경비의 영수증을 함께 제출해야 한다.

여행 준비물

다음은 출국을 앞둔 여행자가 반드시 챙겨야 하는 여행 준비물 체크 리스트다. 기본 준비물 항목은 반드시 챙겨야 하는 필수 물품이고, 의류 잡화 및 전자용품과 생활용품은 현지 환경과 여행자 개인 상황에 따라 알맞게 준비하면 된다.

분류	준비물	체크	분류	준비물	체크
기본 준비물	여권		의류 및 잡화	상의 및 하의	
	여권 사본			속옷 및 양말	
	항공권 E-티켓			겉옷	
	여행자보험			운동화	
	현금(현지 화폐) 및 신용카드			실내용 슬리퍼	
	국제운전면허증 또는 국제학생증 (렌터카 이용 및 학생 할인에 사용)			보조가방	
	숙소 바우처			우산	
	현지 철도 패스		전자용품	멀티플러그	
	여행 가이드북			카메라	
	여행 일정표			휴대폰	
	필기도구			각종 충전기	
	상비약		생활용품	화장품	
	세면도구 및 수건			여성용품	

공항 가는 길

여행의 관문, 인천국제공항으로 떠난다. 탑승할 항공편에 따라 목적지는 제1여객터미널과 제2여객터미널로 나뉜다. 두 터미널 간 거리가 상당하므로(자동차로 20여 분 소요) 출발 전 어떤 항공사와 터미널을 이용하는지 반드시 체크해야한다.

터미널 찾기

제1여객터미널(T1) 아시아나항공, 제주항공, 진에어, 티웨이항공, 이스타항공, 기타 외항사 취항)

제2여객터미널(T2) 대한항공, 델타항공, 에어프랑스, KLM네덜란드항공, 아에로멕시코, 알이탈리아, 중화항공, 가루다항공, 샤먼항공, 체코항공, 아에로플로트 등 취항)

자동차를 이용하는 경우

귀국 후 다시 자동차를 이용할 예정이라면, 인천국제공항 장기주차장을 이용해도 좋다. 소형차 1일 9,000원, 대형차 1일 12,000원이며 자세한 내용은 홈페이지를 통해 확인할 수 있다.

영종대교 방면
공항 입구 분기점에서 해당 터미널로 이동
인천대교 방면
공항신도시 분기점에서 해당 터미널로 이동
인천공항공사 www.airport.kr

공항리무진(서울·경기 지방버스)을 이용하는 경우

공항 도착
출발지 → 제1여객터미널 → 제2여객터미널
공항 출발
제2여객터미널 → 제1여객터미널 → 도착지
공항리무진 www.airportlimousine.co.kr

공항철도를 이용하는 경우

노선 서울역 → 공덕 → 홍대입구 → 디지털미디어시티 → 김포공항 → 계양 → 검암 → 청라 국제도시 → 영종 → 운서 → 공항화물청사 → 인천공항 1터미널 → 인천공항 2터미널
운영 일반열차 첫차 05:23, 막차 23:32(직통열차 첫차 05:20, 막차 22:40) 공항철도 홈페이지 www.arex.or.kr

무료 순환버스(터미널 간 이동)

제1터미널 → 제2터미널 15분 소요(15km) 제1터미널 3층 8번 출구에서 탑승(배차 간격 5분)
제2터미널 → 제1터미널 18분 소요(18km) 제2터미널 3층 4,5번 출구에서 탑승(배차 간격 5분)
인천공항공사 www.airport.kr

Tip 도심공항터미널에서 수속하기

서울역, 삼성동, 광명역에 위치한 도심공항터미널을 이용해 미리 탑승수속, 수화물 위탁, 출국심사에 이르는 과정을 마칠 수 있다. 다만 항공편이나 항공사 사정에 따라 이용 불가한 경우도 있으므로 사전에 홈페이지를 통해 상세 정보를 확인해야 한다.

서울역
탑승수속 05:20~19:00(대한항공은 3시간 20분 전 수속 마감) | 출국심사 07:00~19:00
입주 항공사 대한항공, 아시아나항공, 제주항공 **이스타항공, 티웨이항공, 진에어**
공항철도 홈페이지 www.arex.or.kr

삼성동
탑승수속 05:20~18:30(항공기 출발 3시간 20분 전 수속 마감) | 출국심사 05:30~18:30
입주 항공사 대한항공, 아시아나항공, 제주항공, 타이항공, 카타르항공, 싱가포르항공, 에어캐나다, 유나이티드항공, 에어프랑스, 중국동방항공, 상해항공, 중국남방항공, 델타항공, KLM네덜란드항공, 이스타항공 진에어
한국도심공항 홈페이지 www.calt.co.kr

광명역
탑승수속 06:30~19:00(대한항공은 3시간 20분 전 수속 마감) | 출국심사 07:00~19:00
입주 항공사 대한항공, 아시아나항공, 제주항공, 티웨이항공, 에어서울, 진에어, 이스타항공
광명역 도심공항터미널 홈페이지 www.letskorail.com/ebizcom/cs/guide/terminal/terminal01.do

탑승 수속 & 출국

1 탑승 수속

공항에 도착했다면 탑승 수속(Check-in)을 시작해야 한다. 항공사 카운터에 직접 찾아가 체크인하는 것이 가장 일반적이지만, 무인단말기(키오스크)를 통해 미리 체크인을 한 뒤 셀프 체크인 전용 카운터를 이용해 수하물만 부쳐도 무방하다. 좌석을 직접 지정하고 싶다면 웹사이트나 모바일 애플리케이션을 이용해 미리 온라인 체크인을 해도 좋다(항공사마다 환경이 서로 다를 수 있다).

수하물 부치기

항공사 규정(부피, 무게 규정이 항공사마다 상이하다)에 따라 수하물을 부친다. 이때 위탁할 대형 캐리어는 부치고, 기내에서 소지할 보조가방은 챙겨 나온다. 위탁 수하물과 기내 수하물은 물품의 반입 가능 여부가 까다로우므로 아래 체크 리스트를 미리 꼼꼼히 살펴보겠다. 수하물을 부칠 때 받는 수하물표(배기지 클레임 태그 Baggage Claim Tag)는 짐을 찾을 때까지 보관해야 한다.

반입 제한 물품

기내 반입 금지 물품 인화성 물질, 창과 도검류(칼, 가위, 기타 공구, 칼 모양 장난감 포함), 100㎖ 이상의 액체, 젤, 스프레이, 기타 화장품 등 끝이 뾰족한 무기 및 날카로운 물체, 둔기, 소화기류, 권총류, 무기류, 화학물질과 인화성 물질, 총포·도검·화약류 등 단속법에 의한 금지 물품 **위탁 금지 수하물** 보조배터리를 비롯한 각종 배터리, 가연성 물질, 인화성 물질, 유가증권, 귀금속 등(따라서 배터리, 귀금속, 현금 등 긴요한 물품은 기내 수하물로 반입하면 된다)

2 환전/로밍

환전

여행 중에는 소액이라도 현지 화폐를 비상금 명목으로 지니고 있는 것이 좋다. 따라서 환전은 여행 전 반드시 준비해야 하는 과정이다. 주요 통화가 쓰이는 경우는 물론, 현지에서 환전해야 하는 경우에도 미리 달러화를 준비해야 하기 때문이다. 환전은 시내 은행, 인천국제공항 내 은행 영업소, 온라인 뱅킹과 모바일 앱을 통해 처리할 수 있다. 자세한 방법은 p.018을 참고한다.

로밍

국내 통신사 자동 로밍을 이용하면 자신의 휴대전화 번호를 그대로 해외에서 사용할 수 있다. 경

우에 따라서는 현지 선불 유심을 구입하거나, 포켓 와이파이를 대여하는 것이 보다 합리적이다.

3 출국 수속

보딩패스와 여권을 확인 받았다면 이제 출국장으로 들어선다. 만약 도심공항터미널에서 출국 심사를 마쳤다면 전용 게이트를 통해 들어가면 된다(외교관, 장애인, 휠체어이용자, 경제인카드 소지자들도 별도의 심사대를 통해 출입국 심사를 받을 수 있다).

보안검색

모든 액체, 젤류는 100㎖ 이하로 1인당 1L이하의 지퍼락 비닐봉투 1개만 기내 반입이 허용된다. 투명 지퍼락의 크기는 가로·세로 20cm로 제한되며 보안 검색 전에 다른 짐과 분리하여 검색요원에게 제시해야한다. 시내 면세점에서 구입한 제품의 경우 면세점에서 제공받은 투명 봉인봉투 또는 국제표준방식으로 제조된 훼손 탐지 가능봉투로 봉인된 경우 반입이 가능하다. 비행 중 이용할 영유아 음식류나 의사의 처방전이 있는 모든 의약품의 경우도 반입이 가능하다.

출국 심사

검색대를 통과하면 출국 심사대에 닿는다. 심사관에게 여권과 보딩 패스를 제시하고 허가를 받으면 출국장으로 진입할 수 있는데, 이때 19세 이상 국민은 사전등록 절차 없이 자동출입국 심사대를 이용할 수 있다(만 7세~만 18세 미성년자의 경우 부모 동의 및 가족관계 확인 서류 제출). 개명이나 생년월일 변경 등의 인적 사항이 변경된 경우, 주민등록증 발급 후 30년이 경과된 국민의 경우 법무부 자동출입국심사 등록센터를 통해 사전등록 후 이용 가능하다.

면세 구역 통과 및 탑승

면세 구역에서 구입한 물품 중 귀중품 및 고가의 물품, 수출 신고가 된 물품, 1만USD를 초과하는 외화 또는 원화, 내국세 환급대상(Tax

Refund) 물품의 경우 세관 신고가 필수다. 탑승을 하기 위해서는 출발 40분 전까지 보딩 패스에 적힌 탑승구(gate)에 도착해 대기해야 한다. 제1여객터미널의 경우 여객터미널(1~50번)과 탑승동(101~132번)으로 탑승 게이트가 나뉘어 있다. 탑승동으로 가기 위해서는 셔틀 트레인을 이용해야 하므로 시간을 넉넉히 잡아야 한다. 제2여객터미널은 3층 출국장에 230~270번 게이트가 위치해 있다.

위급상황 대처법

1 공항에서 수하물을 분실했을 때

공항 내에서 수하물에 대한 책임 및 배상은 해당 항공사에 있기 때문에, 수하물 분실 시 공항내 해당 항공사를 찾아가야 한다. 화물인수증(Claim Tag)을 제시한 후 분실신고서를 작성하면 된다. 단, 공항 밖에서 수하물을 분실한 경우는 항공사에 책임이 없으므로, 현지 경찰에 신고해야 한다. 물건 분실 및 도난이 발생했을 때를 참조한다.

2 물건 분실 및 도난이 발생했을 때

분실 신고 시 신분 확인이 필수이므로, 여권을 지참해야 한다. 여행 전 가입해 둔 여행자보험을 통해 보상을 받기 위해서는 현지 경찰서에서 작성해 주는 분실 확인 증명서(Police Report)을 꼭 챙겨야 한다. 현지어가 원활하지 못해 의사소통이 힘들 경우엔 외교부 영사콜센터의 통역 서비스를 이용하면 편리하다(영어, 중국어, 일본어, 베트남어, 프랑스어, 러시아어, 스페인어 등 7개 국어 지원).

여권 분실

현지 경찰서에서 분실 확인 증명서(Police Report)을 받은 후, 대한민국 대사관 또는 총영사관으로 가서 분실 신고를 한다. 여권 재발급(귀국 날짜가 여유 있는 경우 발급에 1~2주 소요) 또는 여행 증명서(귀국일이 얼마 남지 않은 경우 바로 발급 가능)를 받으면 된다. 주로 바로 발급되는 여행 증명서를 신청한다.

신용카드 및 현금 분실(또는 도난)

특히 해외에서 신용카드 분실 시 위·변조 위험이 높으므로, 가장 먼저 해당 카드사에 전화하여 카드를 정지시키고 분실 신고를 해야 한다. 혹여 부정적으로 카드가 사용된 것이 확인될 경우, 현지 경찰서에서 분실 확인 증명서(Police Report)을 받아 귀국 후 카드사에 제출해야 한다. 해외 여행 시 잠시 한도를 낮춰 두거나 결제 알림 문자서비스를 이용하는 것도 예방 방법 중 하나다. 급하게 현금이 필요한 상황이라면, 외교부의 신속해외송금제도를 이용해보자. 국내에 있는 사람이 외교부 계좌로 돈을 입금하면 현지 대사관 또는 총영사관을 통해 현지 화폐로 전달하는 제도다. 1회에 한하며, 미화 기준 $3,000 이하만 가능하다.

홈페이지 외교부 신속해외송금제도 www.0404.go.kr/callcenter/overseas_remittance.jsp

휴대폰 분실

해당 통신사별 고객센터로 전화하여 분실 신고를 한다.

전화 SKT +82-2-6343-9000, KT +82-2-2190-0901, LGU+ +82-2-3416-7010

갑작스러운 부상 또는 여행 중 아플 때

현지 병원에서 진료를 받게 되면 국내 건강 보험이 적용되지 않아 상당 금액의 진료비가 청구된다. 이런 경우를 대비해 반드시 여행자보험을 가입하고 여행을 떠나는 것이 좋다.

긴급 연락처

긴급 전화 110
대한민국 영사콜센터

해외에서 대한민국 국민이 위급한 상황에 처했을 경우 도움을 주기 위해 대한민국 정부에서 운영하는 24시간 전화 상담 서비스이며, 연중 무휴로 운영된다.

전화 [국내 발신] 02-3210-0404, [해외 발신] 자동 로밍 시 +82-2-3210-0404, 유선전화 또는 로밍이 되지 않은 전화일 경우 현지국제전화코드 + 800-2100-0404 / + 800-2100-1304(무료), 현지국제전화 코드 + 82-2-3210-0404(유료)

주 호놀룰루 대한민국 총영사관
위치 2756 Pali Hwy
문의 808-595-6109(여권, 비자 등 민원 업무)
홈페이지 http://usa-honolulu.mofa.go.kr/
운영 월~금 08:30~16:00(점심시간 12:00~13:00)

Index

알로하 선택관광
Aloha Travel

SAVE $10~15!

본 쿠폰을 가지고 아래의 액티비티 예약 시, 1인당 $10~15씩 할인받을 수 있습니다.
• 액티비티: 쿠알로아 랜치(어드벤처 팩키지), 돌핀 스노클링 & 스누바, 폴리네시안 문화 센터 (일부 팩키지), 블루 하와이안 헬리콥터 투어 등
• 유효 기간 ~2020년 12월 31일까지

Best Friends Oahu

허니문리조트
Honeymoon Resort

2만원 할인!

본 쿠폰을 가지고 허니문리조트 본사에 방문 후 현장 계약 시 적용 가능한 쿠폰입니다.
단, 다른 할인과 중복 사용이 불가합니다.
• 유효 기간 ~2020년 12월 31일까지
• 홈페이지 www.honeymoonresort.co.kr

Best Friends Oahu

알라모아나 센터
Ala moana Center

쿠폰북 무료 증정!

본 쿠폰과 신분증(여권)을 가지고 1층 고객 서비스 센터 방문 시, 다양한 매장 할인 혜택이 담긴 프리미어 패스포트 쿠폰북을 증정합니다(하와이 신분증은 적용 불가).
• 유효 기간 ~2020년 12월 31일까지

Best Friends Oahu

니만 마커스
Neiman Marcus

더블 포인트 제공!

첫 구매 시 IPC 더블 포인트를 제공(최대 $2,500).
2층 고객 서비스 센터에 구매 영수증을 함께 제시.
다른 쿠폰 및 프로모션과 중복 사용이 불가합니다.
• 유효 기간 ~2020년 12월 31일까지

Best Friends Oahu

마리포사
Mariposa

디저트 무료 제공!

디너 메인 메뉴 주문 시 디저트를 무료로 제공합니다.
니만 마커스 3층에 위치. 다른 쿠폰 및 프로모션과 중복 사용이 불가합니다.
• 유효 기간 ~2020년 12월 31일까지

Best Friends Oahu

하와이 슈팅스타 스냅 사진
Hawaii Shooting Star Snap Photo

SAVE $30!

본 쿠폰을 가지고 스냅 사진 예약 시, 프로그램에 따라 한 커플당 $30씩 할인받을 수 있습니다.
• 유효 기간 ~2020년 12월 31일까지

Best Friends Oahu

하드 록 카페
Hard Rock Cafe

디저트 무료 제공!

본 쿠폰을 가지고 성인용 메인 메뉴 2개 주문 시 디저트를 무료로 제공합니다. 다른 할인 및 프로모션과 중복 사용이 불가하며, 방문 1회에 한해 테이블당 1회 사용 가능합니다. 호놀룰루 지점에서만 사용 가능합니다. 지점별로 디저트 내용은 다를 수 있으며 기타 제한 사항 적용이 가능합니다.
자세한 내용은 직원에게 문의하시기 바랍니다.
• 유효 기간 ~2020년 12월 31일까지

Best Friends Oahu

선셋 스모크하우스 바비큐
Sunset Smokehouse BBQ

음료 1병 또는 사이드 메뉴 제공

본 쿠폰을 가지고 Brisket 1파운드 주문 시, 음료 1병 또는 사이드 메뉴 1개를 무료로 제공합니다. 주문 시 본 쿠폰을 담당 서버에게 제시하시기 바랍니다. 다른 할인 및 프로모션과 중복 사용이 불가합니다.
• 유효 기간 ~2020년 12월 31일까지

Best Friends Oahu

허니문리조트
Honeymoon Resort

· 문의 본사 02-548-2222, 청주 043-223-0040, 대전 042-546-1234, 광주 062-449-5353, 대구 053-421-0003, 울산 052-286-1100, 부산 051-634-8844, 평택 031-691-3322, 전주 063-283-7090

알로하 선택관광
Aloha Travel

· 위치 150 Kapahulu Ave, Honolulu (Queen Kapiolani Hotel 내 1층, 알로하 트래블 사무실)
· 문의 808-922-8886
· 홈페이지 alohawaiitour.com

니만 마커스
Neiman Marcus

Double IPC points (up to $2,500) for the first purchase. Present the coupon at the Customer Service to get redeemed. (Expiration : December 31, 2020) Not valid with other promotions or offers.
· 위치 Ala Moana Center(1450 Ala Moana Blvd, Honolulu) 내

알라모아나 센터
Ala moana Center

Present the coupon with your out of state ID to Guest Services to receive a Premier Passport. (Expiration: December 31, 2020)
· 위치 1450 Ala Moana Blvd, Honolulu

하와이 슈팅스타 스냅 사진
Hawaii Shooting Star Snap Photo

· 홈페이지 문의 www.hawaiishootingstar.co.kr

마리포사
Mariposa

Complimentary dessert with purchase of dinner entree. Not valid with other promotions or discounts. Guests are required to present the coupon at the time of dining at Mariposa. (Expiration : December 30, 2020)
· 위치 Ala Moana Center(1450 Ala Moana Blvd, Honolulu) 내 니만 마커스 3층

선셋 스모크하우스 바비큐
Sunset Smokehouse BBQ

Present the coupon to receive to receive one bottle drink or 1 side with purchase of 1 pound of brisket. Not valid with other promotions or discounts. (Expiration: December 31, 2020)
· 위치 23 S Kamehameha Hwy., Wahiawa.
· 유효 기간 ~2020년 12월 31일까지

하드 록 카페
Hard Rock Cafe

Free Chef's Dessert with 2 Entrée Purchases. Present this coupon and receive a complimentary Chef's Choice Dessert with the purchase of two adult entrees. Cannot be combined with any other discount or promotional offer. One (1) coupon per party per visit. Must be redeemed during same visit as the qualifying purchase. Only valid at Honolulu location. Dessert varies by location. Some exclusions may apply. See associate for details. (Expiration : December 31, 2020)
· 위치 280 Beach Walk, Honolulu

루스 크리스 스테이크 하우스
Ruth's Chris Steak House

애피타이저 무료 제공!

본 쿠폰을 가지고 메인 메뉴 2개 주문 시 최대 $20 상당의
에피타이저를 무료로 제공합니다. 테이블당 1개를 제공.
다른 할인 및 프로모션과 중복 사용 불가합니다.
(하와이 전 지점 사용 가능)
• 유효 기간 ~2020년 12월 31일까지

Best Friends Oahu

서울 순두부 하우스
Seoul Tofu House

음료 1잔 제공!

본 쿠폰을 가지고 메인 메뉴 주문 시,
음료 1잔을 무료로 제공합니다.
주문 시 본 쿠폰을 담당 서버에게 제시하시기 바랍니다.
다른 할인 및 프로모션과 중복 사용이 불가합니다.
• 유효 기간 ~2020년 12월 31일까지

Best Friends Oahu

해피 파머시
Happy Pharmacy

슈즈 $10 할인

해피 파머시 내 SAS 매장에서는 핏 플랍 슈즈를 판매하
고 있습니다. 본 쿠폰을 가지고 매장 방문 시 SAS에서
판매되고 있는 슈즈 정가에서 $10를 할인해드립니다.
다른 할인 및 프로모션과 중복 사용이 불가합니다.
• 유효 기간 ~2020년 12월 31일까지

Best Friends Oahu

루스 크리스 스테이크 하우스
Ruth's Chris Steak House

Complimentary appetizer (up to $20) with the purchase of two entrees. One per table. Not valid with other promotions or discounts (RCSH All Islands) (Expiration : December 31, 2020)
· 위치 226 Lewers St, Honolulu/500 Ala Moana Blvd, Honolulu/900 Front Street, The Outlets of Maui, Lahaina/3750 Wailea Alanui, The Shops at Wailea, Wailea/68-1330 Mauna Lani Dr, The Shops at Mauna Lani, Kohala Coast, 2829 Ala Kalanikaumaka Street, The Shops at Kukui'ula, Koloa

해피 파머시
Happy Pharmacy

· 위치 1441 Kapiolani Blvd Suite 304, Honolulu
· 운영 월-금 08:30~17:00, 토 08:30~13:00(일요일 휴무)
· 문의 808-955-9500

서울 순두부 하우스
Seoul Tofu House

Present the coupon to receive to receive a glass of soda drink with one entrée order. Not valid with other promotions or discounts. (Expiration: December 31, 2020)
· 위치 2299 Kuhio Avenue Space C, Waikiki, Honolulu

와이키키 해변의 최고 인기 장소는 로열 하와이언에 있습니다. 바다의 산들바람을 맞으며 휴식할 수 있는 전용 비치프런트 카바나 또는 다이아몬드 헤드와 와이키키 해변의 아름다운 파노라마뷰를 간직한 럭셔리한 객실과 스위트에서 눈부신 경치를 감상해 보세요.

THE ROYAL HAWAIIAN
A LUXURY COLLECTION RESORT, WAIKIKI
808.923.7311
2259 KALĀKAUA AVE
HONOLULU, HAWAI'I 96815 USA
WWW.ROYAL-HAWAIIAN.KR

THE
LUXURY
COLLECTION

MEMBER OF
MARRIOTT BONVOY™

Best friends 베스트 프렌즈 시리즈 **5**

베스트 프렌즈
오아후

발행일 | 초판 1쇄 2019년 11월 5일

지은이 | 이미정

발행인 | 이상언
제작총괄 | 이정아
편집장 | 손혜린
기획 | 프렌즈 편집부
편집 | 김민경, 한혜선
표지 디자인 | ALL designgroup
내지 디자인 | 김미연, 변바희, 양재연, 정원경

발행처 | 중앙일보플러스(주)
주소 | (04517) 서울시 중구 통일로 86 바비엥3 4층
등록 | 2008년 1월 25일 제2014-000178호
판매 | 1588-0950
제작 | (02) 6416-3922
홈페이지 | www.joongangbooks.co.kr
네이버 포스트 | post.naver.com/joongangbooks

ⓒ 이미정, 2019

ISBN 978-89-278-1055-1 14980
ISBN 978-89-278-1051-3(세트)